AF648011

DAS KANN WALD

Peter Laufmann

DAS KANN WALD

Was unsere **heimischen Wälder** für den **Klima- und Artenschutz** leisten

KÖSEL

RECYCLED
Papier aus Recyclingmaterial
FSC® C011124

Penguin Random House Verlagsgruppe FSC® N001967

Fachredaktion: Michael Elmer und Dr. Mathias Niesar, Wald und Holz NRW
Lektorat: Dr. Daniela Gasteiger, München
Umschlag, Layout und Satz: Oliver Schmitt, Mainz
Druck und Bindung: Mohn Media Mohndruck GmbH, Gütersloh
Printed in Germany
ISBN 978-3-466-31216-0
www.koesel.de

Inhalt

Das kann Wald

Was unsere heimischen Wälder für den Klima- und Artenschutz leisten

Liebe Leserinnen und Leser,
Wald tut gut, er ist unsere grüne Lunge und Wohlfühlort. Er bietet Ruhe und Erholung vom Stress des Alltags. Er liefert Sauerstoff. Er filtert die Luft, die wir atmen, und das Wasser, das wir trinken. Wald mindert die Auswirkungen von Extremwetter, er schützt vor Erosion. Wald bietet Arbeitsplätze. Nicht nur wir Förster wissen: Ohne Wald gibt es kein Leben. Wenig bekannt ist jedoch, wie sehr Wald zur Bewältigung unserer globalen Krisenthemen »Rückgang der Biodiversität« und »Klimawandel« beiträgt. Mit diesem Buch möchten wir Sie einladen, den Wald auch unter diesem Blickwinkel näher kennenzulernen.

Wald ist ein großer Schatz der Natur. Er gibt unendlich vielen Pflanzen und Tieren eine Heimat – und trägt damit zur Artenvielfalt bei. In unserer zivilisierten Welt ist kein Lebensraum näher an der ursprünglichen Natur als Wald. Deshalb kommt dem Wald für die Biodiversität, für die Vielfalt an Arten und Lebensräumen, eine herausragende Bedeutung zu. Die Bestäubung von Pflanzen, die Fruchtbarkeit unserer Böden, die Reinigung unseres Trinkwassers – all das hängt von einem funktionierenden Miteinander der Tiere, Pflanzen und Organismen ab – von einem intakten Ökosystem. Vor allem Umwelteinflüsse, Klimakrise und Flächenverbrauch stören dieses Gleichgewicht – auch im Wald.

Wald ist zudem ein entscheidender Faktor im Kampf gegen den Klimawandel. Unsere Wälder sind neben Böden und Meeren die einzigen Ökosysteme, die in der Lage sind, der Atmosphäre in nennenswertem Maße das Klimagas CO_2 zu entziehen und als Kohlenstoff zu speichern. Kohlenstoff, der ansonsten in Form von CO_2 in der Atmosphäre verbleiben und zum Treibhauseffekt beitragen würde. Und mehr noch: Durch die Nutzung von Holz verlängern wir diesen Effekt und tragen gleichsam nebenher dazu bei, dass auf andere, nur mit viel Energie herzustellende Materialien verzichtet werden kann. Wald leistet einen gewaltigen Beitrag, Treibhausgasemissionen zu reduzieren und den Übergang zu einer kohlenstoffarmen Wirtschaft zu fördern.

Das sich wandelnde Klima bedroht unseren Wald, wie wir ihn heute kennen, massiv. Begünstigt durch Stürme und die große Trockenheit der vergangenen Jahre haben Borkenkäfer allein in NRW rund zwei Drittel aller Fichtenwälder vernichtet. Auch andere Baumarten leiden massiv unter der Klimakrise.

Unsere Aufgabe ist es heute, unsere Wälder fit für die Zukunft zu machen. Wir müssen aktiv dafür sorgen, dass sie ihre Funktion als Lebensraum und Klimaschützer zum Wohle aller erfüllen können. In diesem Sinne entwickeln Försterinnen und Förster unsere Wälder seit vielen Jahren weiter. In Nordrhein-Westfalen haben wir als Landesforstverwaltung unter dem Motto »Da staunste, was!« eigens eine Kampagne gestartet, um die Bedeutung des Waldes für Arten- und Klimaschutz bekannter zu machen. Auch dieses Buch ist in diesem Kontext entstanden. Wir hoffen, so die Wertschätzung für den Wald zu steigern. Denn was wir schätzen, behandeln wir gut. Unsere Kinder und Kindeskinder werden es uns danken.

Viel Spaß bei der Lektüre!

Thomas Kämmerling und Tim Scherer, Leiter Wald und Holz NRW

Prolog: Augen auf und ein Fuß vor den anderen

Von oben betrachtet, leuchtet die Erde wie eine blaue Murmel. Je näher man ihr kommt, desto mehr Farbnuancen zeichnen sich ab. Neben Blau gibt es Beige, Weiß, Hellgrün in unzähligen Schattierungen.

Hat man sich eingesehen, fallen auch die dunkleren Grüntöne auf. Es sind die Wälder Sibiriens, des Amazonas, des Kongobeckens. Noch gibt es da Meere aus Grün auf hunderten von Quadratkilometern. Aber auch sie zerfallen, je kürzer die Distanz zum Auge ist, in große und kleine und kleinste Strukturen. Wenn man nah genug zoomt, sieht man gar einzelne Kronen. Manchmal sind die Wälder nur mehr Inseln, die von Bändern aus Äckern und Straßen umwoben und durchzogen sind. Auch über Deutschland fällt ein dunkleres Grün auf. Diese großen und kleinen Flecken sind unsere Wälder. Sie tragen berühmte Namen und prägen das Bild. Immer noch, selbst nach Jahrtausenden unseres Tuns. Das ist ebenso erfreulich wie wenig selbstverständlich.

Satelliten erfassen heute die Qualitäten eines Waldes ziemlich gut. Das reicht von der Menge an Holz in einem Stück Wald bis hin zu dessen Gesundheit. Sind die Kronen licht? Oder die Blätter verfärbt? Sensoren registrieren längst Waldbrände auf der ganzen Welt in Echtzeit. Nie waren wir so gut über den Zustand des Waldes auch in der letzten Ecke des Planeten informiert. Um den Wald ist es nicht zum Besten bestellt. Er schwindet vielerorts und mit ihm seine Rolle für den Erhalt einer intakten Natur und einen nachwachsenden Klimaschutz.

Feuer ist dabei ein Faktor. 2022 zeichnete das Europäische Waldbrand-Informationssystem allein in der Europäischen Union 837.212 Hektar verbrannten Waldes auf. Im Frühjahr 2023 standen wieder hunderttausende Hektar in Kanada, Chile, Russland, Spanien in Flammen. Letztlich sind im Jahr 2023 allein in Kanada über 17 Millionen Hektar Wald verbrannt. Dazu kommt unser Landhunger, der immer größere Löcher in die verbliebenen Regenwälder frisst. All das ist von oben zu sehen. Aber so ein göttlicher Blick taugt nur bedingt, wenn man dem Wald und seinen Leistungen auf die Spur kommen will.

(K)ein Planet der Wälder

Obwohl Bäume solch erfolgreiche Organismen sind, gibt es sie nicht überall. Wasser und Licht sind die limitierenden Faktoren. In Wüsten gedeihen mitunter einzelne Bäume, wenn sie wenigstens etwas Wasser bekommen. Bäume in der Arktis sind zum Zwergenwuchs verurteilt. Daneben erlauben auch andere Faktoren nicht, dass Bäume und Wälder gedeihen; Salzwüsten oder unsere Städte, die Bäumen mit Abgasen und Wassermangel zusetzen. Dennoch: Vier Milliarden Hektar Wald bedecken unsere Erde. Das hört sich viel an, ursprünglich waren es wohl doppelt so viel. Mehr als die Hälfte der heutigen Wälder finden sich in nur fünf Staaten: Russland, Brasilien, Kanada, den Vereinigten Staaten und China. Für jeden Menschen bleibt eine Fläche von 0,6 Hektar Wald.

Wald mit allen Sinnen

Am besten nähern wir uns dem Wald eben nicht vom Schreibtisch oder vom Sofa aus. Wer Wald spüren möchte, muss hinaus, den Schritt vor die Tür wagen. Sich darauf einlassen, nicht das Größte zu sein, nicht das Älteste, nicht einmal das Komplizierteste. Wir Menschen sind im Wald klein. Deswegen ist es dort leicht, sich von der Natur umfassen zu lassen. Die Erkenntnis, warum Arten- und Klimaschutz und Wald untrennbar zusammengehören, ergibt sich dann fast von selbst.

Ein Waldspaziergang bietet, im Unterschied zu dem Blick aus dem All, Reize für alle Sinne. Wald spricht Nase, Fingerspitzen, Ohren, Zunge und natürlich die Augen gleichermaßen an. Folgen Sie mir und machen Sie die Augen auf: Wir treten zwischen die hohen Stämme der Buchen, Fichten, Eichen, Kiefern, um nur ein paar Arten zu nennen. Schnell ist klar: Das ist etwas anderes, als zwischen Bäumen eines Parks oder Gartens unterwegs zu sein. Im

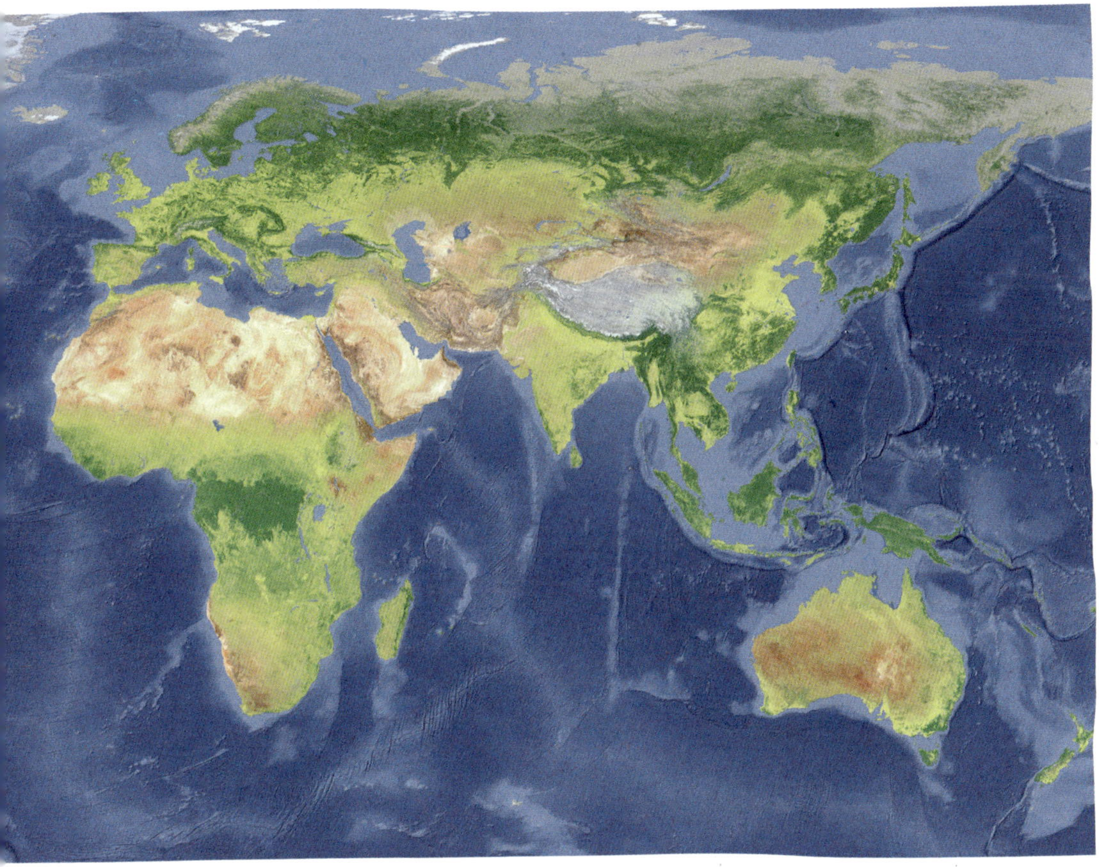

Wald geht der einzelne Baum in der Masse unter. Er ist wie eine Zelle eines großen Ganzen, eines riesigen Organismus.

Beim Spaziergang durch den Wald sehen wir nicht nur die Vielfalt an Lebensräumen. Wir sehen einen natürlichen Klimaschutz, denn jeder Baum bindet Kohlendioxid, indem er den Kohlenstoff daraus aufnimmt und den Sauerstoff wieder in die Luft entlässt. Freiwillig.

Noch etwas fällt dabei auf: Grün. Die Zahl der Grüntöne ist schier unübersehbar. Hellgrün, Dunkelgrün, Lindengrün, Zitronengrün, Moosgrün … Das ganze Spektrum aus Blau und Gelb. Wer mag, kann spaßeshalber mit dem Zählen beginnen und sich die Nuancen zwischen einem jungen Buchenblatt und einem alten einprägen.

Das mit dem Sehen war einfach, nicht?

Jetzt das Fühlen. Auch hier gibt es die Möglichkeit, sich zu steigern. Rinde anfassen ist für den Einstieg gut geeignet. Wir spüren, wo der Unterschied zwischen einer Buche und einer Eiche ist, folgen den feinen Rissen an der

Oberfläche einer Esche oder der papiernen Haptik einer Moorbirke. Fortgeschrittene laufen barfuß auf dem Waldboden. Wobei es *den* Waldboden gar nicht gibt. Die Blätter in einem Buchenwald fühlen sich anders an als der Teppich aus vermodernden Nadeln unter Fichten. Mitunter ist der Untergrund hart wie ein Pflaster, mal wippt er regelrecht mit jedem Schritt nach.

Wer Boden spürt, kann auch gleich mit dem Riechen weitermachen. Wie riecht ein Wald? Schnell fallen einem »würzig« ein, »frisch«. Aber was heißt das? Es ist dieser Mix aus den Ausdünstungen der Bäume, des Bodens, des Lebens ganz allgemein. Mit ein bisschen Übung verrät die Nase sogar, welchen Wald man vor sich hat. Zu guter Letzt steht Schmecken auf der Liste. Klassisch ist das Aroma einer Walderdbeere, einer Brombeere oder Himbeere. Ungewöhnlicher ist eine Buchecker, ein Aufstrich aus jungen Fichtennadeln. Sie sind ein Echo aus dem Wald, wie auch der Geschmack von Reh oder Wildschwein.

Der Wald lässt sich mit allen Sinnen erfahren. Jeder kann bei jedem noch so kleinen Waldspaziergang sehen, fühlen, schmecken, welche großartige Rolle prinzipiell jeder Wald für den Erhalt der biologischen Vielfalt und den Klimaschutz spielt; nicht zuletzt auch für uns Menschen. Studien zeigen, dass im Wald zu sein das bei Gefahr und Belastung aktive sympathische Nervensystem herunterfährt und das für Entspannung zuständige parasympathische Nervensystem in Schwung bringt. Der Körper schüttet weniger Stresshormone wie Cortisol aus. Das wiederum hilft unserer Konzentration und Kreativität. Was jeder ahnt, hat die Wissenschaft bestätigt: Wald macht gesund und schlau.

Ein Ort mit vielen Bedeutungen

Wenn wir so gestärkt durch den Wald gehen, ist praktisch überall noch etwas zu sehen. Mal ist es ein Haufen Stämme, mal ein Baumstumpf, eine Fahrspur oder auch eine Markierung an einem Stamm. Vielleicht ist in der Ferne eine Motorsäge zu vernehmen. Das gehört auch zu den meisten Wäldern in Deutschland. Denn selbst wenn Wald so natürlich daherkommt, ist sein Aussehen unserem Tun geschuldet. Holz zu ernten ist ein wichtiger Zweck des Waldes. Das mag einem nicht gefallen, wenn man an einem Holzpolter vorbeigeht und die Jahrringe einer Eiche zählt. Vielleicht war sie schon da, als Napoleon über den Rhein marschiert ist. Hat Stürme und Menschen überlebt. Und jetzt liegt sie da. Schade, oder doch nicht?

Der Wald zeigt jedem, der es sehen will, welche Leistungen er erbringt. Die ganze Gesellschaft sollte dem Rechnung tragen. Das dazugehörige Konzept lautet in Deutschland integrative Forstwirtschaft. Es meint nicht mehr als einen großen Kompromiss. Der Wald soll so wachsen, dass er in seiner Vielfalt erhalten bleibt. Zugleich soll er uns Menschen offenstehen und schließlich auch noch Holz liefern. Ein Wald ist multifunktional. Das geht schon, sorgt aber immer wieder für Streit. Die einen wollen am liebsten gar keine Nutzung im Wald. Alle Bäume, Pflanzen, Pilze und Tiere im freien Spiel der Kräfte in Ruhe lassen. Andere wünschen sich nicht mehr vom Wald, als dass er ihre Freizeitkulisse sein soll. Gut für ein Picknick im Grünen oder ein Selfie für Instagram und Tiktok.

Die Funktion des Waldes als Kulisse in den sozialen Medien knüpft direkt an unsere Sehnsüchte an, die lange schon mit dem Lebensraum verbunden sind. Der Wald ist reich an magischen Momenten. Hier werden Märchen oder Fantasy-Geschichten real. Wenn Nebel sich in den Kronen alter Eichen verfängt, sind der Witcher, Rotkäppchen, der Kohlenmunk-Peter, Hänsel und Gretel nicht weit. Wo Wurzelteller das Erdreich nach oben holen, könnte der Eingang zu einer Höhle mit einem Zwergenschatz liegen.

Nicht umsonst ist der verwunschene Wald Standardrepertoire in solchen Geschichten, und nicht die Kleingartenanlage oder Einkaufspassage. Wald bringt uns zum Schwärmen und, wenn wir Sport treiben, zum Kalorien-Abarbeiten. Wald gilt manchem als Ort der puren Naturkraft. Die heiligen Haine der Germanen sind da nur einen gedanklichen Steinwurf entfernt. Und damit auch die gelegentliche Überhöhung des »deutschen Waldes«. Er gilt insbesondere hierzulande als Schicksalslebensraum.

Der Wald ist für uns Menschen ein zentraler Ort. Wald ist Lieferant von Rohstoffen, Luft und Wasser. Er nimmt eine Schlüsselrolle beim Erhalt der Biodiversität ein, und für den Schutz des Klimas. Wald ist unser bester Verbündeter, wenn wir die Krisen meistern wollen, die wir uns selbst eingebrockt haben.

Ich freue mich, wenn Sie von unserem Waldspaziergang den offenen Blick mitnehmen. Wald ist unser wichtigster Lebensraum.

Artenschutz
Wo der Käfer hustet
und Pilze miteinander
reden

Lebensraum des Senkrechten

Wald ist ein breiter Lebensraum, im Sinne seiner Dimension von unten nach oben. Ein Wald reicht von den Blättern seiner Bäume am Rande des Himmels bis zu den Spitzen seiner Wurzeln im Boden. Das heißt, bei einer Durchschnittshöhe von 30 Metern plus vorsichtigen zwei Meter Wurzeltiefe ist das ein Lebensraum so hoch wie ein zehnstöckiges Haus plus Keller. Diese Größe ist erst einmal schwer zu fassen. Vor allem, wenn man bedenkt, dass es auch in Deutschland Bäume gibt, die an die 60 Meter Höhe erreichen. Zudem wachsen hier Bäume, deren Wurzeln sich zehn Meter tief in den Boden graben.

In diesem breiten Band finden sich hunderte von Lebensräumen und tausende von Arten. Millionen Prozesse laufen gleichzeitig ab. Das meiste sehen wir nicht, nehmen es nicht einmal wahr. Wir als Fußgänger haben nur ein schmales Fenster, durch das wir im Wald gucken können. Wir sehen in der Regel lediglich das Erdgeschoss des Ökosystems. Was auf dem Boden vor uns ist oder über unseren Köpfen geschieht, entgeht uns leicht. Gänzlich unsichtbar sind alle Vorgänge im Erdreich und in den Bäumen selbst.

Das Erste, was einem im Wald auffällt, sind natürlich die Bäume. Wir nehmen sie als selbstverständlich wahr und ignorieren aus Gewöhnung das Wunderwerk Baum. Im Sinne von: Ein Baum ist da, na und? Aber warum gibt es überhaupt Bäume und damit Wälder?

Um die Frage zu beantworten, ist es gut, einen Schritt zurückzugehen. Die einfachste und ursprünglichste Aufgabe des Lebendigen ist, den Staffelstab des Lebens weiterzureichen. Seit die ersten Protoorganismen in der Ursuppe vor sich hin trieben, hat das Leben keinen anderen Plan, als einfach weiter zu existieren. Diese Linie zieht sich seit dem Eoarchaikum vor vier Milliarden Jahren bis heute fort. Ununterbrochen. Genau genommen sind es mittlerweile unzählige Linien, die da heute auf der ganzen Welt in Rosen, Saftkugler, Schnabeltiere oder Fliegenpilze ausfransen. Jedes Leben ist damit eine andere Erfolgsgeschichte. Im Laufe der Jahrmilliarden haben die Organismen genug

Zeit gehabt, verschiedene Methoden auszuprobieren. Einige der Strategien kann man bei einem Waldspaziergang sehen, wenn zum Beispiel die Samen des Kleinblütigen Springkrauts bei Berührung weghüpfen oder sich zwei Eichhörnchen in den Wipfeln verfolgen.

Auch der Wald und die Bäume sind eine Antwort der Natur auf die beständige Suche, in welcher Form das Leben bestmöglich weitergegeben werden kann. Wie das passiert, sehen wir uns jetzt einmal näher an.

Die Geduld der Bäume

Auf den ersten Blick ist der Baum keine allzu kluge Strategie des Lebendigen. Ein Baum ist eine Pflanze, die unglaublich viel Energie aufnehmen und verarbeiten muss, bevor sie auch nur in die Nähe der Fortpflanzungsfähigkeit kommt. Eine Stieleiche zum Beispiel. Es dauert 20 Jahre, im geschlossenen Wald sogar 40 Jahre, bis sie das erste Mal Eicheln produziert. 40 Jahre! In der Zeit kann einiges passieren; ein Reh kann die Knospen abnagen, ein Pilz den Keimling verfaulen lassen, das Wasser kann ausbleiben. Dazu Sturm, Wind, Feuer, Generationen hungriger Pflanzenfresser. Die Wahrscheinlichkeit, all das zu überleben, ist so groß nicht. Warum dieser ganze Aufriss? Viele Blumen und Gräser machen doch vor, dass es einfacher geht: schnell keimen, einen Spurt Richtung Licht hinlegen, blühen, Samen bilden, absterben. Fertig.

Ein Baum dagegen holt erst einmal Luft, wenn die anderen Pflanzen schon ihre Urururururururgroßeltern hinter sich gelassen haben. Doch was auf den ersten Blick wie ein Nachteil anmutet, funktioniert. Und zwar so erfolgreich, dass Bäume weite Teile der Erde besiedeln. Auch Deutschland ist ein richtiges Baumparadies. Ohne Menschen gäbe es hierzulande Wald auf 90 bis 95 Prozent der Fläche. Dem Eroberer Baum vermag bei uns keine andere Pflanze etwas entgegenzusetzen.

Das Erfolgsrezept eines Baumes ist seine Größe. Sie verschafft ihm einen Vorteil gegenüber seiner Konkurrenz. Denn unter Pflanzen gibt es ein ständiges Geschubse um Ressourcen. Sie alle ringen um Licht, Wasser und Nährstoffe. Gnadenlos nehmen sie dabei in Kauf, dass die Abgehängten eingehen. Pflanzen sind egoistische Geschöpfe, die bestenfalls noch an ihren Nachwuchs denken. Aber in der Regel nicht einmal daran.

Ein Baum macht da keine Ausnahme. So ein Riese, der zwanzig und mehr Meter hoch wird, lässt all die fleißigen Kräuter und Gräser im Schatten stehen. Und das nicht erst, wenn es an die Fortpflanzung geht. Eine keimende

Buche ist im ersten Jahr so lang wie ein Finger. Schon im zweiten misst sie eine Handspanne und nach fünf Jahren hat sie die meisten anderen Pflanzen hinter sich gelassen. Kein Grashalm nimmt dann einer Buche noch das Licht weg.

Wenn genug Buchen auf der Fläche wachsen, stellt sich nach zehn Jahren eine Herrschaft der Buchen ein. Bestandesschluss heißt das in der Fachsprache. Die Bäume haben das Rennen endgültig gewonnen. Kleinere Pflanzen haben keine Chance, da aufzuschließen. Der Himmel und damit das Sonnenlicht gehört den Bäumen.

Die verschiedenen Baumarten wachsen natürlich nicht alle gleich schnell. Generell gilt, dass sie in der Jugend spurten, im Alter eher langsamer machen. Viele unserer Waldbäume legen gemächlicher oder sogar kaum noch in der Höhe zu, wenn sie die 30 Jahre überschritten haben. Wozu auch? Die Konkurrenz holt das nicht mehr auf.

Der Clou an den Bäumen ist, dass sie nicht statisch wachsen. Sie passen ihr Wachstum an. Sie nutzen ihre Chance im richtigen Moment. So können junge Buchen im Schatten ihrer alten Artgenossen stehen. Und warten. Das vertragen sie ganz gut. Bricht dann ein Altbaum zusammen oder wird gefällt, stoßen die Wartenden in die Lücke und füllen sie, so schnell es geht.

Diese Plastizität des Wachstums hilft auch, wenn etwa die oberste Knospe, der Leittrieb, abhandenkommt. Dann dauert es eben ein wenig länger, bis die finale Größe erreicht ist. Ein Baum hat Zeit. Was sind schon zehn Jahre, wenn man ein halbes Jahrhundert bis zur Fruchtbarkeit wartet und dann mindestens ein Jahrhundert lang Nachkommen produzieren kann? Die Strategie eines Baumes ist damit eine gänzlich andere als die der kurzlebigen Pflanzen.

Das ist noch nicht alles, was der Baum an Vorteilen mitbringt. Mit seiner Größe fängt er nicht nur die Sonnenenergie ein. Seine Wurzeln erlauben ihm, Nährstoffe und Wasser aus Schichten zu ziehen, die anderen Pflanzen verschlossen sind. Ein regenarmer Sommer mit einer abgetrockneten oberen Bodenschicht ist für einen Baum nicht das Ende. Auch hier zahlen sich sein langer Atem und vor allem die Größe des Organismus aus.

Die Größe der Bäume kommt nicht von ungefähr. Es ist das Holz, dass unsere Waldbäume stabil hält und Wald als Lebensraum möglich macht. Holz erlaubt es dem Baum überhaupt erst, in Höhen jenseits der 30, 40 oder 50 Meter vorzustoßen.

Ein Baum hat in seinem langen Leben viel erlebt und vor allem überlebt. Seinem Holz verdankt er seine Stabilität und eine gewisse Resistenz gegen allerlei Unbilden. Dabei ist umso faszinierender, wenn man sich vorstellt,

Baumartenverteilung in Deutschland

	Fichte	Kiefer	Buche	Eiche	»Waldtraut vom Mühlwald« (Douglasie)	»Hyperion« (Küstenmammutbaum)
Verteilung in Prozent	25	22	15	10		
Baumhöhe in Metern	30–50	10–35	40–45	20–40	67,2	115,9
Höchstalter in Jahren	~ 100–300	~ 500	~ 200–300	~ 500–1000	113	~ 750

Quelle: Dritte Bundeswaldinventur (2012)

Der Trick mit dem Stock

Wie hoch ist ein Baum? Ebenso genau wie unpraktikabel wäre es, hinaufzuklettern und ein Maßband herabzulassen. Einen Baum zu fällen, nur weil man wissen möchte, wie hoch er war, kommt auch nicht infrage. Einfach und elegant hingegen und damit geeignet, Familienmitglieder zu beeindrucken, ist die Methode, einen Baum mit Hilfe eines Stockes zu vermessen – eine simple Rechenübung aus der Geometrie. Sie basiert auf gleichen Verhältnissen bei unterschiedlichen absoluten Zahlen. Dafür hält man einen armlangen Stock vor sich. Der Arm muss nach vorne ausgestreckt sein und die Spitze des Stockes nach oben zeigen. Der rechte Winkel wird gebraucht! Dann visiert man die Baumspitze an und geht so weit vor oder zurück, bis Stock- und Baumspitze übereinanderliegen. Den rechten Winkel nicht vergessen! Jetzt ist es leicht: Nur noch die Entfernung bis zum Baum abgehen. Jeder Schritt beziehungsweise jeder gegangene Meter entspricht einem Meter Baumlänge. Am Stamm angekommen, zählt man noch seine eigene Körpergröße hinzu – fertig!

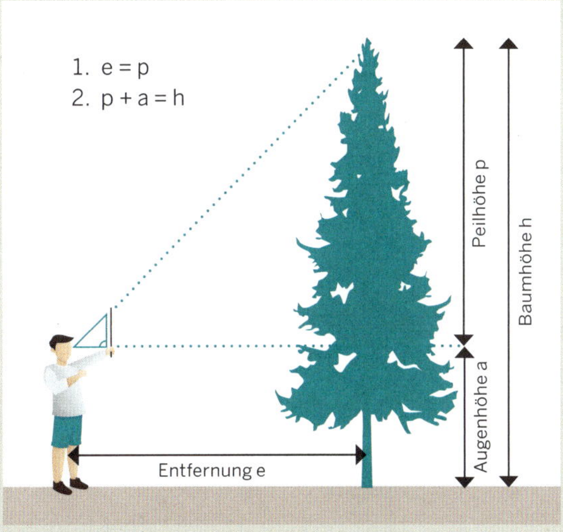

Die Höhe eines Baumes lässt sich leicht mit einem armlangen Stock ermitteln. Sie ergibt sich auch der Entfernung des Betrachters und seiner Augenhöhe. Der Trick ist angewandte Geometrie.

dass diese Mengen nur von einer zelldicken lebenden Zone produziert wurden. Holz entsteht in einer schmalen Schicht hinter der äußeren Rinde, dem Kambium. Sie ist die Quelle des Wachstums, die nach außen neue Zellen für die Rinde und nach innen neues Holz produziert. Ein tolles Zeug! Im Wesentlichen ist Holz Cellulose, Hemicellulose und Lignin. Holz ist vergleichbar einem Gerüst mit zahlreichen Verstrebungen (Cellulose und Hemicellulose), in dem ein Kitt (Lignin) dem Ganzen Halt und Stabilität gibt. Und nicht nur das, Holz hat noch mehr Funktionen: Bestimmte Zellen leiten Wasser durch die Pflanze, andere dienen als Speicher.

Das Konstrukt Holz ist genial. Es eignet sich dazu, Pflanzen jenseits der 100 Meter Höhe aufzubauen. In Deutschland haben wir zwar nicht solche Exemplare, aber verstecken müssen sich heimische Bäume nicht. Hierzulande gilt eine Douglasie bei Freiburg namens Waldtraut vom Mühlwald mit 66,58 Metern als der höchste Baum. Und sie wächst mit ihren 103 Jahren immer noch. Dicht dran ist eine imposante Reihe von Douglasien im Sauerland. Die Himmelssäulen messen immerhin 63 Meter. Laubbäume kommen an diese Dimensionen nicht heran. Die höchste Buche Deutschlands steht bei Höxter: 49 Meter hoch. Für einen Laubbaum ist das sehr ordentlich.

Noch eins zeichnet Bäume gegenüber anderen Pflanzen aus; sie wachsen nicht nur in die Höhe, sondern auch in die Breite. Das heißt, in einem Baum steckt wesentlich mehr Masse, selbst wenn er vergleichbar hoch wie die riesenhaften Bambusstangen ist. Ein wahrer Gigant ist zum Beispiel der General Sherman Tree, ein Riesenmammutbaum, der in Kalifornien bereits seit gut 2000 Jahren wächst. Er ist zwar nur 83 Meter hoch, aber dick. Sein Brusthöhendurchmesser, also seine Breite bei einer Höhe von 1,30 Metern, liegt bei 8,25 Meter. Gut 17 Menschen braucht es, um den Stamm zu umarmen.

Überschaubare Artenvielfalt

Blickt man auf die Vielfalt der Bäume, ist das Ergebnis im Vergleich zu anderen Weltgegenden bei uns eher überschaubar. In Nordamerika beispielsweise gibt es gut 250 Arten von Eichen. Bei uns sind nur zwei heimisch, die Stieleiche und die Traubeneiche. Mittlerweile trifft man immer häufiger auf Roteichen, die ursprünglich aus Nordamerika stammen, wie so viele andere Baumarten heutzutage. Überhaupt gelten nur gut 40 Baumarten in unseren Wäldern als heimisch. Sie sind quasi Erstbesiedler nach der Eiszeit. Walnuss oder auch Edelkastanie zählen deshalb zunächst nicht zu den heimischen

Arten, denn sie wachsen erst seit der Römerzeit bei uns. Baumarten wie Douglasie, Robinie oder Weymouth-Kiefer fallen ebenso nicht in die Kategorie. Sie sind neue Mitspieler im Wald.

Warum bei uns die Waldbäume schnell gelernt sind? Das hängt mit unserer Landschaft zusammen und einem Klimaphänomen, dessen Echo wir noch heute spüren. Denn einst wuchsen Ahnen der modernen Douglasien auch bei uns. Genauso wie Edelkastanien, Rosskastanien oder Mammutbaum. Damals, vor der Eiszeit, waren Wälder in Mitteleuropa bunter. Doch die Kälte und Trockenheit dieser Periode machten vielen Arten den Garaus. Nicht von heute auf morgen, aber die Bedingungen wurden schlechter und die Bäume konnten nur immer weiter in den Süden ausweichen. Doch da standen die Alpen im Weg. Sie liegen wie ein Riegel von Ost nach West, im Gegensatz zu nordamerikanischen Gebirgen, die von Nord nach Süd verlaufen. In der Folge starben diese Bäume aus.

Heute sind es gerade einmal elf Baumarten, die 90 Prozent der Waldfläche ausmachen. Gut 70 Prozent entfallen sogar nur auf Buche, Eiche, Fichte und Kiefer. Diese Akteure machen natürlich noch lange keinen Wald. So muss ein Wald nach deutscher Bürokratie wenigstens zehn Meter breit sein und 0,1 Hektar groß. Damit ist eine Allee kein Wald, und auch keine Gruppe von Tulpenbäumen mit Gartenzwerg in Nachbars Garten. Es braucht viele Bäume, damit der Wald unter seinem Schirm ein eigenes Klima entwickeln kann. Der Gesetzgeber sieht Wald als eine Fläche, auf der Forstpflanzen stehen. Dazu packt er Waldwege, Lichtungen oder solche Ecken, in denen Trockenheit, Wind oder Käfer dafür gesorgt haben, dass keine Bäume mehr stehen. Wie sich das mit dem Käfer genau zuträgt, darum wird es im Kapitel »Drama und Lehrstück« (S. 59) noch gehen.

Waldgesellschaften

Wer zumindest mit einem offenen Auge durch den Wald seiner Wahl gegangen ist, dem wird aufgefallen sein, dass Wald nicht gleich Wald ist. Am einfachsten ist es, in Nadel-, Laub- und Mischwälder zu unterscheiden. Nach der dritten Bundeswaldinventur von 2012 machen mit 57 Prozent Wälder aus Nadelbäumen den Löwenanteil aus. Laubwälder bedecken dementsprechend 43 Prozent. Auf die Fichte entfielen 25 Prozent, die Kiefer 22 Prozent, die Buche 15 Prozent und die Eiche 10 Prozent. Hinzu kommen noch andere Nadel- und Laubbaumarten.

Wald unter der Lupe, Wald im Blick

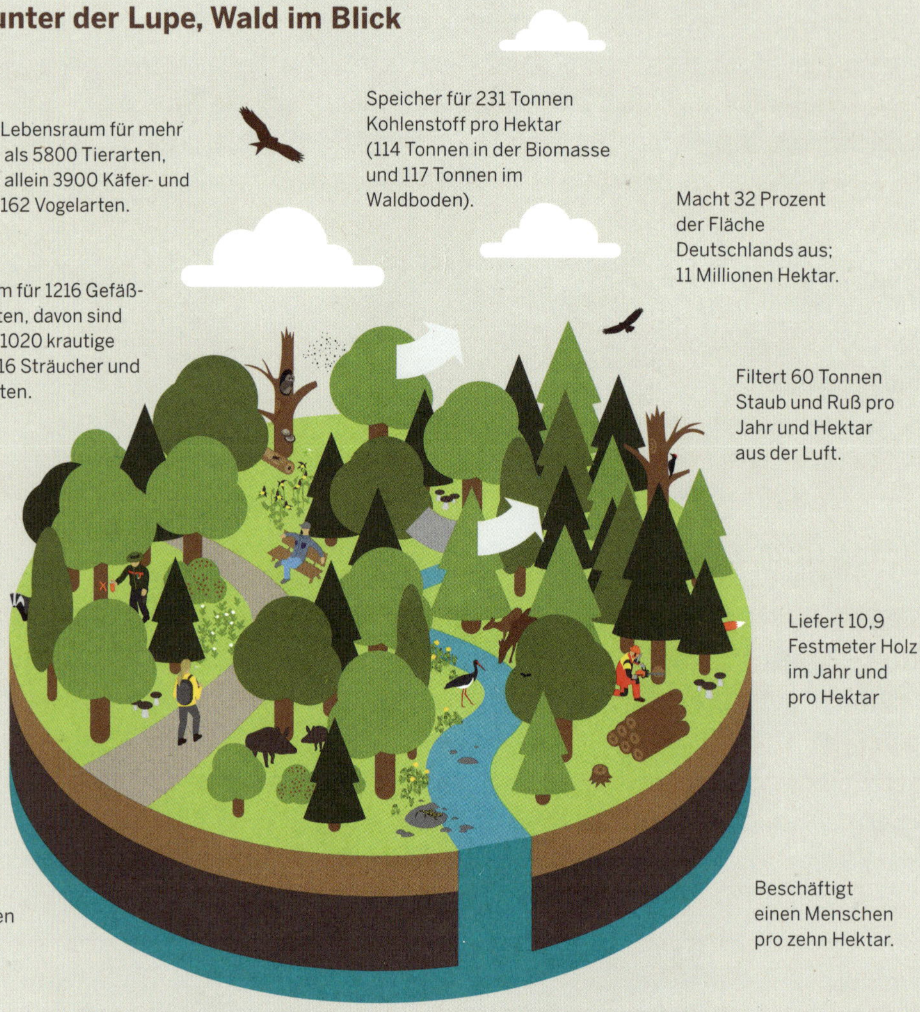

Ein Wald hat mehr zu bieten als Holz. Er erfüllt eine ganze Reihe von Funktionen, ist Lebensraum, Klimapuffer und nicht zuletzt ein Ort, in dem sich Menschen erholen und Natur unmittelbar erfahren können.

Erfreulich ist, dass der Anteil an Laubwald die letzten Jahre immer weiter zugenommen hat. Laubwälder und Mischwälder gelten als besser für den Klimawandel vorbereitet. Ein Faktor dabei ist der politische Wille, mehr auf Laubholz zu gehen. Hinzu kommt, dass ausgerechnet die hohe Zahl zusammenbrechender Wälder den Waldumbau beschleunigt hat. In Nordrhein-

Westfalen etwa hat sich das Verhältnis so gedreht, dass Laubwald mittlerweile einen größeren Anteil hat. Der Trend geht eindeutig zum Laubwald. Aber das spiegelt die Vielfalt auch noch nicht wieder.

Neben den Bäumen, die den Ton angeben, fallen beim Waldbesuch all die Sträucher, Kräuter und Gräser auf, die am Wegesrand oder unter den Bäumen wachsen. Das Bild komplett machen Pilze, Mikroorganismen und natürlich die Tiere. Große und kleine langlebige Arten und solche, die nur wenige Tage alt werden. Manche von ihnen sind Legion, wie die Springschwänze, andere sehr selten wie der Schwarzstorch. Wälder haben das Zeug, die artenreichsten Lebensgemeinschaften in Deutschland zu sein. Sie sind ein Schatzkästlein der Biodiversität.

Wer einen Wald beschreiben will, muss ein Bild haben, das sich aus Baumarten, anderen Pflanzen und dem Untergrund zusammensetzt, auf dem sie stehen. Daraus ergibt sich eine Waldgesellschaft, die sehr viel darüber verrät, welche Bedingungen in so einem Lebensraum herrschen. Diese Waldgesellschaft ist ein Ordnungssystem für Försterinnen und Förster, die Biologie, den Naturschutz und alle anderen, die mit Wald zu tun haben.

Da gibt es als groben Rahmen Nadelwälder und Laubwälder. Sie wiederum teilen sich in Waldgesellschaften auf, die von Buchen, Birken oder Eichen, von Kiefern oder Fichten geprägt sind. Und zu diesen Baumarten gesellen sich andere Bäume oder Pflanzen hinzu. Damit wird das System komplexer und sehr viel genauer. Ein typischer Vertreter in Deutschland ist beispielsweise ein Buchenwald, in dem Weiße Hainsimsen gedeihen. Hainsimsen mögen einen Boden lieber, der nicht so kalkhaltig ist. Kalkhaltig bedeutet basisch, und Hainsimsen mögen einen eher sauren Boden.

Nach den wissenschaftlichen Namen der Hainsimse und Buche heißt diese Waldgesellschaft im Fachjargon Luzulo-Fagetum. Das ist ein in Mitteleuropa weitverbreiteter Typ, der unter anderem im Nationalpark Eifel zu sehen ist. Dort finden sich recht zuverlässig auch Dornfarn oder Drahtschmiele, Hainbuche oder Stieleiche.

Für den Wanderer spannender scheint da der Waldmeister-Buchenwald, Galio odorati-Fagetum. Sein Ausgangsboden ist basischer. Diese Waldgesellschaft ist artenreicher; neben dem aromatischen Waldmeister wächst dort beispielsweise das Buschwindröschen.

Der Wechsel von einem Wald-Typ zum nächsten kann plötzlich sein und nur einen Eichhörnchensprung voneinander entfernt. Wald ist nicht gleich Wald. Er ist das Ergebnis von Geologie, Klima und Zeit. Allerdings gibt es in diesem Spiel der Kräfte einen weiteren entscheidenden Faktor. Eine Art, die den Wald mehr formt als Eiszeit und Borkenkäfer zusammen. Genau, der Mensch.

Heute fallen einem dabei zunächst der Förster oder die Försterin ein. In ihrem Beruf arbeiten sie mit dem Wald und für den Wald. Ihre Aufgaben und Schwerpunkte haben sich mit den Jahrhunderten gewandelt. Aber im Prinzip gab es sie überall dort, wo Holz zu einem begrenzten Gut wurde. Das begann im Mittelalter und zieht sich bis heute durch. Galt es zunächst, den Nachschub an Holz sicherzustellen, kam nach und nach das Verständnis für den Wald als Gesamtkunstwerk hinzu.

Gemeinsam ist den heutigen Förstern und Försterinnen, egal welche Ausbildung sie durchlaufen haben, dass sie spezialisiertes Wissen im Umgang mit den Faktoren haben, die einen Wald ausmachen. Sie haben die Abläufe in einem Boden, das Wetter, das Zusammenspiel von Tieren und Pflanzen genauso im Auge wie die Erfordernisse des Klima- oder Lawinenschutzes, der Ergonomie und natürlich der Buchhaltung. Zentral ist dabei der Waldbau. Dabei geht es um den Erhalt dieses einzigartigen Naturraums, seine Pflege und auch seine Nutzung. Wenn man so will, spielen Förster und Försterinnen auf der Klaviatur der Bäume und heraus kommt die Symphonie des Waldes.

Von großen und von kleinsten Tieren

Menschen gehen aus unterschiedlichen Gründen in den Wald. Ein Antrieb ist es, Tiere zu sehen. Geduld und ein ordentliches Maß Frustrationstoleranz sind gute Eigenschaften für alle, die zwischen den Bäumen unterwegs sind. Und selbst dann ist es gut, überhaupt erst einmal zu wissen, wonach wir schauen. Sonst entgeht uns nicht nur der unscheinbare Vogel auf dem Ast über uns, der Käfer im Gebüsch oder die Larve in der Pfütze, sondern auch die Spur, der Hinweis, den ein Tier an einem Baum oder in einem Fleck feuchter Erde hinterlassen hat: Haare, ein Abdruck im Schlamm, eine Feder oder Eierschale. Dabei gilt, dass wir den Tieren im Wald mit allen Sinnen hinterherspüren können. Nicht nur mit den Augen.

In Deutschland sind über den Daumen 44.787 Tierarten registriert. Mit Pflanzen und Pilzen sind es über 70.000 Arten. Das heißt, diese Arten sind wissenschaftlich beschrieben und kategorisiert. Nicht alle haben deutsche Namen und etliche sind nur Spezialisten und Spezialistinnen bekannt. Trotzdem sind längst nicht alle heimischen Lebewesen erfasst, selbst in Deutschland nicht. Wahrscheinlich warten noch hunderte Arten auf ihre Entdeckung.

Der Erhalt unserer Biodiversität ist nicht nur Liebhaberei. Das lässt sich besonders gut am Verschwinden der Insekten zeigen. Nicht erst seit der Krefelder Studie, die im Herbst 2017 publiziert wurde, warnen Biologen und Biologinnen vor dem Schwund der Kerbtiere. Doch die Ergebnisse erreichten nun erstmals eine größere Öffentlichkeit. In einem Zeitraum von 27 Jahren ist ein Rückgang um 76 Prozent der Masse von Fluginsekten festzustellen. Jüngere Studien verweisen in diesem Zusammenhang auf die Bedeutung des Wetters und damit auch des Klimawandels für die Insekten.

Wer sich freut, dass damit weniger der als nervig wahrgenommenen Tierchen in der Luft schwirren, übersieht, dass Insekten einen unverzichtbaren Job als Bestäuber machen. Und zwar nicht nur die Bienen. 85 Prozent aller Pflanzen nutzen Bienen, Hummeln, Schwebfliegen, Käfer … Selbst im Wald sind Insekten wichtige Elemente, wie wir später noch sehen werden.

Der Eremit ist ein Käfer mit speziellen Vorlieben. Er lebt im Mulm von Baumhöhlen. Und nur dort. Damit ist er auf Bäume angewiesen, die alt genug für seine Lieblingsplätze sind.

Kleine Waldspezialisten

Etliche der rund 45.000 bei uns erfassten Tierarten leben in der Kulturlandschaft und in Siedlungen, zwischen Feldern, auf Wiesen, in Gärten oder Parks. Ein großer Teil hat es sich aber explizit im Wald heimelig gemacht, beziehungsweise in den verschiedenen Wäldern: Sie haben sich ihre Nischen in lichten Kiefernforsten gesucht oder in feuchten Auen, in hohlen Bäumen oder der Schicht aus altem Laub.

Manche Arten haben sich auf bestimmte Bäume eingestellt. Zum Beispiel der Fichtenkreuzschnabel, dessen Vorliebe für Samen aus Fichtenzapfen sogar zu einem extravaganten Schnabel geführt hat. Mit dessen Hilfe kann der kleine Vogel die Zapfenschuppen geradezu elegant von der Spindel eines Zapfens hebeln. Dabei bevorzugt er eine Seite, sodass sich seine Hals- und Kiefernmuskeln unterschiedlich stark entwickeln. Der Fichtenkreuzschnabel ist wie ein Bodybuilder, der nur mit rechts Gewichte stemmt.

Ein anderes Beispiel für eine Spezialisierung ist der Schwarzbraune Kurzschröter. So heißt der kleinste Vertreter der sieben Hirschkäferarten in Mitteleuropa. Er ist extrem selten und fast überall in Deutschland vom Aussterben bedroht. Nur in Nordrhein-Westfalen gilt er als stark gefährdet. Was nicht viel besser ist, aber doch ein wenig. Jedes Mal, wenn der sechs Millimeter große Spezialist in einem dahinrottenden Stück Eiche gefunden wird, ist die Freude groß. Kein Wunder, denn der Käfer braucht uralte Eichen zum Brüten. Tief in deren Holz, das auch noch von Rotfäulepilzen mürbe gemacht sein muss, sitzen die Larven. Jahrelang nagen sie hier vom wuchernden Pilzgeflecht und den Resten des Holzes, bis sie sich zu einem erwachsenen Käfer verwandeln. Der Kurzschröter ist ein echter Feinschmecker.

Der Racker in der alten Eiche gibt schon einen Hinweis: Nicht alle Waldtypen sind gleich reich an Arten. Als Faustformel gilt, je älter der Wald, desto bunter. Zudem beherbergen Laubwälder in der Regel mehr Arten als Nadelwälder. In einem typischen deutschen Buchenwald leben beispielsweise bis zu 10.000 Arten. Den Löwenanteil davon machen Gliedertiere aus, nämlich Insekten, Spinnentiere, Würmer. Dazu kommen Wirbeltiere, also Amphibien, Reptilien, Säugetiere und Vögel.

Im Nationalpark Eifel haben Experten 11.356 Tier-, Pflanzen- und Pilzarten gezählt, unter anderem rund 1431 Schmetterlings- und 504 Zweiflüglerarten. Dazu kamen mehr als 2190 Käfer. Nicht zu vergessen 5 Arten Kamelhalsfliegen, 20 Weberknechte, 278 Zikaden und viele Tiere, die man nicht gleich auf dem Schirm hat. Zudem wurden 57 Säugetiere, 168 Vögel, 10 Amphibien- und 5 Reptilienarten gesichtet.

Merken Sie etwas? Wirbeltiere wie Vögel und Säuger sind eine Minderheit in unseren Wäldern, und das nicht nur von der reinen Artenzahl her. Auch die Masse der Wirbeltiere nimmt sich im Vergleich zu den Legionen Wirbelloser verschwindend gering aus. Ein Waldspaziergang kann also keine Großwildsafari sein, obwohl wir in unserer Landschaft viel mehr Rehe und Wildschweine haben als noch vor 150 Jahren. Ein Trost ist vielleicht, dass die kleinen Lebewesen ohnehin exzentrischer vor sich hin leben. Einigen von ihnen, wie dem Glühwürmchen und dem Kleinen Pinselfüßer, werden wir noch begegnen.

Netz des Lebens

Die gesamte Welt des Lebendigen ist ein unglaublicher Schatz. Wie lässt sich das deutlich machen? Vielen Menschen fällt es schwer, mehr als fünf Vogelarten zu nennen, geschweige denn zu erkennen. Aber fünf Wildbienen oder auch nur zwei Thripse? Könnte kniffelig werden.

Das ist kein Vorwurf. Für die meisten von uns ist das Wissen um die Natur in unserer Umgebung oder gar im Wald geradezu irrelevant. Immer wieder wird behauptet, dass es um diese Kenntnisse früher besser bestellt war. Wirklich belegbar ist das nicht. Im Allgemeinen kommen wir ganz passabel durch den Alltag, auch ohne anhand der gezähnten Kante einen bestimmten Borkenkäfer zu erkennen. Schade ist es trotzdem.

Für das Verständnis von Vielfalt und deren Wert in Ökosystemen braucht es zumindest eine Ahnung von den vielen Arten, die in ihnen leben. Wenn wir beispielsweise nie eine Waldschnepfe kennengelernt haben, werden wir sie oder ihre Rufe auch nicht vermissen. Dabei ist ihr Puitzen und Quarksen – ja, so heißt das tatsächlich und ganz offiziell – doch so markant. Es erinnert zuerst an einen Frosch, der seinen Beat auf einer Techno-Party verloren hat. Wer das aber nie gehört hat, nimmt die Abwesenheit, das Nicht-Hören, als normal hin. Es ist kein Verlust für die eigene Welt, weil wir den hübschen Vogel oder seine markante Stimme niemals gesehen oder bemerkt haben. Aber auch er erfüllt seine Rolle im Wald. Die Waldschnepfe trägt dazu bei, Insekten und andere Wirbellose zu vertilgen und sie wieder als neuen Nährstoff ins System Wald einzutragen. Das mag sich zunächst nach nicht viel anhören, ist aber ein wichtiger Baustein.

Für mich persönlich sind es die Begegnungen mit scheinbaren Nebensächlichkeiten im Wald, die mir im Gedächtnis bleiben. Nicht unbedingt der Rothirsch gegen den Sonnenuntergang. Die kleinen Dinge, die ich meine, sind zum Beispiel dieser Art: Es war an einem Abend im Juli. Viel zu spät bin ich aus dem Wald nach Hause marschiert. Es dämmerte, als mir ein Leuchten zwischen Brombeerranken auffiel. Ein Glühwürmchen hatte sich in einem Spinnennetz verfangen. Ich habe mich gefreut, Glühwürmchen sind ja längst nicht mehr alltäglich. Ich ging weiter. An der Stelle stieg der Weg ins Tal durch Buchenwald hinab. An den Rändern wucherten weitere Brombeeren, an einigen Stellen waren die rosa Blüten des Schmalblättrigen Weidenröschens gerade noch zu erkennen. Ein lauer Abend. Dann blitzte ein neues Licht auf. Einen Wimpernschlag später noch eins. Und noch eins. Der Wald war schließlich erfüllt von kleinen grün-gelben Leuchtkäfern. Mal waren sie an, dann wieder aus, um im nächsten Moment ein paar Schritte weiter wieder ihr Licht in den Wald hineinzusenden. Gut zwei Dutzend schwirrende LEDs habe ich gezählt und konnte mich gar nicht sattsehen an dem Schauspiel. Es ist leicht, in so einem Moment an Magie zu denken. Kleine Elfen, die eine Party machen. Wer aber nie ein Glühwürmchen gesehen hat, könnte sich schwer damit tun, diese Faszination zu verstehen.

Das ist nicht nur sentimentales Wehklagen. Der Erhalt der Artenvielfalt gilt als eine mindestens ebenso dringende Aufgabe wie der Klimaschutz. Der Verlust tausender Spezies ist ebenso gefährlich für den Fortbestand der Welt, wie wir sie kennen, wie die Klimakrise. Beide Krisen bedingen einander, verschärfen sich durch die jeweils andere. Diese Zwillingskrise kann nur gemeinsam gedacht und gelöst werden.

Neobiota: Neue Mitspieler im Wald

Hinter dem Begriff Neobiota verbergen sich Tier-, Pilz- und Pflanzenarten, die nach 1492, also Kolumbus' Ankunft in Amerika, in unsere Ökosysteme gelangt sind – versehentlich, absichtlich oder auch ganz von allein. Manche der Arten sind mittlerweile so alltäglich, dass wir sie gar nicht mehr als fremde Arten wahrnehmen. Und auch wenn die allermeisten sich geradezu geräuschlos in unsere Wälder einfügen, werden Neobiota immer wieder kritisch betrachtet. Bekannte Neozoen, also neue Tierarten, sind Waschbär, Marderhund, Damwild und Asiatischer Laubholzbockkäfer. Gerade letztere Art gilt als gefährlicher Neuankömmling. Wo er auftaucht, sind Quarantäne-Maßnahmen Pflicht. Bei den neuen Pflanzen, den Neophyten, sind mittlerweile Indisches Springkraut und Riesenbärenklau weit verbreitet. Genau genommen gehören auch Waldbäume wie Douglasie und Robinie zu den Neobiota, den ortsfremden Arten.

Der Waschbär fühlt sich in Deutschland wohl und breitet sich immer weiter aus. Dabei lebt er erst seit 1934 hierzulande in freier Wildbahn. Damals hat man die Art zur Bereicherung der Tierwelt ausgesetzt.

Das Spannende am Lebensraum Wald in all seinen Spielarten ist, dass man Vertreter so unglaublich vieler Lebensformen findet. Er ist ein Kabinett, das die Evolution des Lebens spiegelt. Das Wichtigste, um den Wald zu verstehen, ist, zu erkennen, dass erst die Gesamtheit der Arten und ihr Zusammenspiel den Wald in seinen Funktionen erhält.

Sehen wir genauer hin, haben die Tiere nur sehr wenige unterschiedliche Lebensentwürfe. Da gibt es diejenigen, die lebende Pflanzenmasse zu sich nehmen. In diese Gruppe fallen so unterschiedliche Tiere wie Rehe, die Raupen von Schmetterlingen oder Vögel, die Beeren oder Samen verputzen. Dann gibt es die Fleischfresser. Das kann der Hundertfüßer sein, der Regenwürmer jagt, oder der Wolf, der hinter dem Reh her ist. Und schließlich gibt es die Recycling-Spezialisten, alle Arten, die sich ihren Lebensunterhalt mit dem Abbau organischen Materials verdienen. Für sich genommen kann keine der Strategien erfolgreich sein. So verschieden ihre Geschichte, Herkunft, ihre

Größe und Lebensweise sein mag, die Tiere sind über Nahrungsketten und ein Netz von Beziehungen untereinander verbunden.

Sowie eine Kette nutzlos wird, wenn ein Glied ausfällt, kommt auch ein so großes Gebilde wie ein Wald in Bedrängnis. Wer wissen will, wie es um einen Wald bestellt ist, schaut auf bestimmte Arten. Sind sie da, heißt das, der Lebensraum bietet ihnen eine Chance. Und hat damit bestimmte Eigenschaften. Es geht also gar nicht darum, irgendeinen Käfer, den niemand vermisst, im Spiel zu halten. Wenn ein bestimmtes Glied in der Kette oder ein Knoten im Netz des Lebens fehlt, geht es an die Substanz.

Die Kleinsten sind die Größten

Bevor wir uns Hirsch oder Wolf vornehmen, sind wir gut beraten, klein anzufangen. Denn das Leben beginnt wie einst im Ur-Ozean mit Einzellern, Bakterien, Archaeen oder auch Amöben, dem ganzen unsichtbaren Schatten des Lebens. Der Wald ist voll davon. Sie sind es, die den Laden am Laufen halten. Sie finden sich im Boden, auf den Blättern, im Wasser, selbst auf dem Gefieder der Vögel. Das Problem für unsere Wahrnehmung ist ihre Größe. Doch wenn wir dicht genug herangehen oder sie für unser Auge erfassbar vergrößern – dann wird es spannend.

Bakterien haben keinen Zellkern. Ihre Vorfahren haben vor gut vier Milliarden Jahren das Leben auf der Erde in Gang gebracht haben. Diese weit entfernten Urahnen alles Lebendigen blieben zwei Milliarden Jahre unter sich. Man könnte das für ausgesprochen langweilig halten. Diese Organismen haben die Zeit aber genutzt und konnten in aller Ruhe Lebensräume erkunden und sich ausbreiten, Dinge ausprobieren. Eine Million Jahre auf eine absurde Idee verschwendet? Sei's drum.

Manches hat die Mikroben-Gesellschaft vorangebracht. So hat eine vorwitzige Bazille entdeckt, dass man mit Hilfe der Photosynthese die Energie der Sonne nutzbar machen kann. Dabei wurde Sauerstoff frei. Das war ziemlich clever und hat sich bis heute in Mikroorganismen, Pflanzen und natürlich Bäumen als praktisch erwiesen. Irgendwann hat eine Bakterie sogar eine andere verschluckt und fertig war der erste mehrzellige Organismus.

Unterm Mikroskop sind die verschiedenen Bakterien mal Kugeln, Stäbchen, Schräubchen, sehen wie Bänder oder Haufen aus. Das eignet sich schon einmal zur Einordnung. Neben ihrer Gestalt taugt auch ihre Art der Energiegewinnung, um sie einzuteilen. Da gibt es die autotrophen und die heterotrophen

Lebewesen in einem Quadratmeter Boden in der obersten Bodenschicht (30 cm tief)

Pflanzliche Mikroorganismen

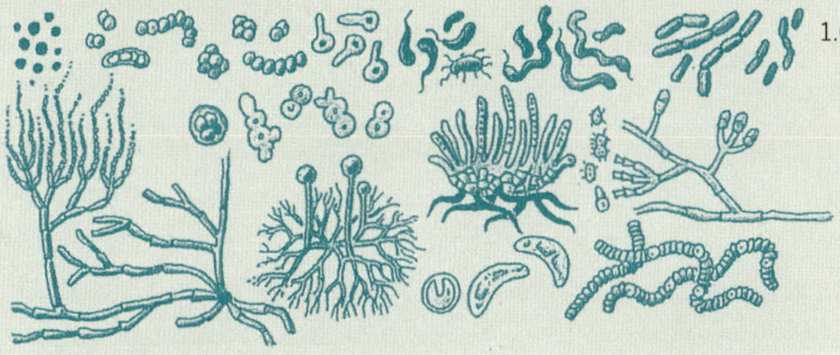

Bakterien
1.000.000.000.000 (50 g)
Strahlenpilze
10.000.000.000 (50 g)
Pilze
1.000.000.000 (100 g)
Algen
1.000.000 (1 g)

Tierische Mikroorganismen

Geißeltierchen
500.000.000.000
Wurzelfüßer
100.000.000.000 (10 g)
Wimpertierchen
1.000.000

Kleintiere

Rädertiere
25.000 (0,01 g)
Fadenwürmer
1.000.000 (1 g)
Milben
100.000 (1 g)
Springschwänze
50.000 (0,6 g)

Größere Kleintiere

Borstenwürmer
10.000 (2 g)
Schnecken
50 (1 g)
Spinnen
50 (0,2 g)
Asseln
50 (0,5 g)
Vielfüßer
300 (4,5 g)
Käfer und Larven
100 (1,5 g)
Zweiflügerlarven
100 (1 g)
übrige Kerbtiere
150 (1 g)
Regenwürmer
80 (40 g)

Mikroben. Autotroph meint, dass sie ihre Energie aus dem Sonnenlicht ziehen, wie die Cyanobakterien. Heterotrophe leben von organischer Substanz.

Die heterotrophen Arten haben sich ganz spezielle Eigenschaften angeeignet. Wenn man so will, haben sie sich ihre eigenen Werkzeuge gebastelt, mit denen sie ihre Nahrung zubereiten. Manche bauen Eiweiße ab, manche Kohlenhydrate wie die Cellulose von Bäumen, andere können Stickstoff aus der Luft sammeln. Alles praktische Fähigkeiten. Für einen Wald sind sie lebenswichtig.

Auf den ersten Blick ist das Wirken der Bakterien nicht offensichtlich. Und wir bemerken es auch nicht. Aber beim nächsten Ausflug beispielsweise, nach einem Regenschauer, könnte die segensreiche Arbeit von Bakterien in die Nase steigen. Dieser Geruch ist uns vertraut und angenehm. Er nennt sich Petrichor und stammt von Bakterien. Vertreter der Bakteriengattungen Streptomyceten und Myxomyceten erzeugen in ihrem Alltag Geosmin. Das ist ein flüchtiger Alkohol, für den unsere Nasen hochempfindlich sind. Sobald die Feuchtigkeit eines Regentropfens auf den Untergrund trifft, bilden sich Aerosole, in denen Geosmin enthalten ist. Die nehmen wir als den bekannten erdigen Geruch wahr. »Es riecht nach Regen« kommt nicht von ungefähr. Der Duft erinnert uns sehr dezent daran, wie wenig wir ohne diese einfachsten aller Lebensformen wären. Bakterien sind als große Aufräumer gar nicht hoch genug einzuschätzen. Ein bakterienloser Wald wäre ein toter Lebensraum.

Eine Sprosse höher auf der evolutionären Leiter sind die echten Einzeller. Denn während die einzelligen Bakterien nicht mal eine ordentliche, komplette Zelle haben, sind die Protozoen lehrbuchmäßig mit allem bestückt. Ihre Zellen ähneln denen höher entwickelter Tiere. Nicht umsonst bedeutet ihr Name »erste Tiere«. Von diesen Urtierchen sind bereits mehr als 30.000 Arten beschrieben. Und ständig kommen neue Vertreter hinzu. Manche von ihnen übertragen Krankheiten, leben als Parasiten, andere sind Helfer und Bewohner in Gewässern oder Wäldern. Da gibt es die Geißeltierchen, Wimperntierchen, Sporentierchen und die Wurzelfüßer oder Amöben. Auch sie sind lebenswichtige Recycler für das Ökosystem Wald.

Die Protozoen sind nicht unbedingt die Ersten, die man auf seiner Liste der beliebtesten Waldtiere ganz nach oben setzen würde. Sie sind Teil der sogenannten Mikrofauna. Das sind Lebewesen, die kleiner als 0,2 Millimeter sind. Ein Haar hat im Vergleich dazu einen Durchmesser zwischen 0,06 und 0,1 Millimeter. Etwas größer und leichter zu beobachten sind die nächsten Gruppen, die Meso-, Makro- und die Megafauna. Hier beginnt die Welt der Gliedertiere. Ein Wald ist voll von ihnen.

Gegliedertes Erfolgsrezept

Mit Gliedertieren sind alle Tiere gemeint, deren Körper – manchmal ist es so einfach – gegliedert ist. Sie sehen aus, als wären sie ein Bausatz, den man nach Herzenslust zusammenstecken, wieder teilen und ganz neu kombinieren könnte. Ein bisschen wie ein Lego der Evolution. Das ist der gemeinsame Nenner, der etwa einen Regenwurm mit einem Hirschkäfer verbindet.

Biologen und Biologinnen unterscheiden natürlich Gliedertiere sehr viel genauer. Für Uneingeweihte steckt die Welt voller Fettnäpfchen. Zum Beispiel, wenn man eine Spinne als Insekt bezeichnet. Kenner der Materie zucken bei so einer gewagten Äußerung zusammen, als wäre gerade etwas Haariges, Krabbelndes in ihren Nacken gefallen.

Gliedertiere tauchten auf der Weltbühne lange vor dem Menschen auf. Wie die meisten Innovationen der Erdgeschichte entstanden auch sie im Meer. An unsere Wälder war zu der Zeit noch gar nicht zu denken. Das war vor mehr als 550 Millionen Jahren. Aus kleinen wurmartigen Geschöpfen entwickelte sich die prächtige Vielfalt der heutigen Gliedertiere.

Ein paar von ihnen haben seit Anbeginn auf eine geniale Konstruktion gesetzt: ein hartes Außenskelett, in dem die Organe geschützt sind, plus Gliedmaßen, die ebenfalls in kleinen Hüllen stecken. Ursprünglich sollte das den Tierchen wohl beim Schwimmen helfen. Schon vor 500 Millionen Jahren lebten etwa Vertreter einer Gattung, die den klangvollen Namen Fuxianhuia trägt. Sie zeigten bereits einige uns heute vertraute Merkmale wie das Außenskelett. Ansonsten haben diese Gliederfüßer nicht viel Ähnlichkeit mit unseren Käfern, Schmetterlingen oder Fliegen. Eher erinnern sie an flache Asseln mit 35 bis 45 Beinpaaren. Damit krabbelten sie einst über den Meeresboden.

Das Exoskelett erwies sich als so praktisch, dass alle Vertreter es beibehalten haben. Es ist so ein erfolgreiches Konzept, dass acht von zehn heute lebenden Tierarten zu diesen sogenannten Gliederfüßern gehören.

Dieses Außenskelett verbindet heute unterschiedliche Tiere, denen wir im Wald begegnen können, wie Spinnen, Tausendfüßer und Käfer. Auch ihrer aller Leben erfüllt einen Zweck im Wald: Nährstoffe aufbauen und sie wieder verfügbar machen, damit sich der Kreis des Lebens schließt. Ihre Vielfalt ist selbst in dem Waldstück vor unserer Haustür enorm. Dafür, dass alle Arten im Grund nur diese Aufgabe erfüllen, sind die tausendfachen Lösungen der Evolution zum Augenreiben.

Zum Beispiel die Vertreter der Tausendfüßer. Dazu gehören die eigentlichen Tausendfüßer, die Hundertfüßer, Saftkugler … Alles in allem eine bunte

Truppe mit vielen Beinen. In einer Ecke Laubwaldboden finden sich schnell ein Dutzend Arten. Ihre Verwandtschaft streift seit 410 Millionen Jahren durch die Welt. Sie waren damals echte Pioniere, denn sie gehörten zu den ersten Lebewesen, die das Wasser dauerhaft verließen. An ihnen kommen wir im Wald nicht vorbei, auch wenn wir sie selten wahrnehmen. Es sind gerade die Kleinen, die eine große Rolle spielen.

Da wäre etwa der Kleine Pinselfüßer. Er lebt unter Rinde genauso wie im Moos. Kaum drei Millimeter groß, trägt er am ganzen Körper kleine Pinselchen und 26 Beine. Die Härchen brechen leicht und dienen dazu, Feinde abzuwehren. Pinselfüßer tun sich schwer mit der Paarung und haben ein kompliziertes Ritual entwickelt: Das Männchen spinnt Fäden und webt ein Geflecht, in das es seine Spermatröpfchen ablegt. Das Weibchen leitet es mit weiteren kleinen Fäden zum Sperma. Die Begattung läuft ganz ohne Sex.

Mit und ohne Flügel: Insekten

Eine weitere große Gruppe der Gliedertiere sind die Hautflügler. Unter diesem Namen dürften ihre Vertreter nicht allen bekannt sein. Bienen, aber auch Wespen, Hummeln und eben Ameisen gehören allesamt in diese Verwandtschaft, die Insektenkundler Hymenopteren nennen – eine megadiverse Insektenordnung, deren Arten vier transparente Flügel und häufig auch eine Wespentaille aufweisen.

Viele Vertreter der Hautflügler kommen in Wäldern vor. Sie sind Bestäuber, Jäger, Zersetzer und ebenfalls nicht aus dem Ökosystem wegzudenken. Wie viele Arten sich in Wäldern rumtreiben, ist nicht so einfach zu sagen. Verschiedene Untersuchungen deuten auf eine Faustzahl von 100 Arten hin.

Allein 13 Ameisenarten bauen Hügel im Wald. Die bekannteste ist die Rote Waldameise. Ihr Nest ist locker einen Meter hoch und reicht bis zu zwei Meter in den Untergrund. Bis zu zwei Millionen Individuen leben da in einer strengen Monarchie. Unablässig durchstreifen sie ihre Nachbarschaft. Sie erbeuten alle möglichen Tierchen. Nach einer Studie sind das pro Jahr 28 Kilogramm Insekten gewesen. Dazu kamen 200 Liter Honigtau, das sind die süßen Ausscheidungen von Blattläusen.

Wenn es schon ums Fliegen geht, darf man eine Gruppe nicht vergessen. Die hübschesten Vertreter der Gliedertiere sind nach menschlichen Maßstäben wohl die Schmetterlinge. Auch sie haben zwei Flügelpaare, die sehr bunt oder auch sehr zurückhaltend sein können. Wer Glück hat, kann mehr als zwei Dutzend Schmetterlingsarten im Wald finden. Besonders markant sind der Große Schillerfalter, der Admiral oder auch das Tagpfauenauge.

Wir nehmen Schmetterlinge eher als ein wenig planlose Geschöpfe wahr. Sie fliegen hüpfend durch den Wald und scheinen in den Tag hineinzuleben. Im Gegensatz zu Spinnen sind Schmetterlinge eher Sympathieträger. Doch manche haben Biografien, die eher nicht für einen Publikumsliebling passen. Der Große Eisvogel etwa. Er ist mit einer Spannweite von mehr als sieben Zentimetern recht imposant und dazu kommt noch eine Zeichnung aus weißen, roten und blauen Bändern auf tiefdunkelbraunem Grund. Der Falter liebt stinkendes Aas, Kot und fühlt sich auch von altem Käse und Schweiß magisch angezogen. An solcherart pikanten Stellen saugt er gern. Damit bessert er seine Versorgung mit Mineralien auf. Die Raupen knabbern an Schwarz-Pappeln und Espen.

Allerdings sind Tagfalter nur die helle Seite der Schmetterlinge. Nachtfalter, gerne abschätzig Motten genannt, gibt es viel mehr. Im Nationalpark Eifel haben Forscher 1288 Arten nachgewiesen, darunter den Nagelfleck und die Langhornmotte. Zu den Nachtfaltern gehören auch Arten, die Waldbesitzern manchmal Sorgen bereiten: Allein an Eichen nagen rund 300 von ihnen. Der Appetit der Raupen von Nonne oder Eichenprozessionsspinner macht Bäumen zu schaffen. Das Tun von Letzterem gefährdet mitunter auch uns. Seine Raupen produzieren das Nesselgift Thaumetopoein. Ihre Gespinste und Brennhaare sollte man meiden; sie lösen allergische Reaktionen aus.

Im Allgemeinen sind Insekten für uns harmlos. Zu ihrer Vielfalt gehört noch eine weitere Gruppe. Nicht unbedingt hübsch, aber oft imposant sind die Käfer. Sie sind die größte Gruppe der Insekten im Wald. 300 Millionen Jahre haben ihre ältesten Überreste auf dem Buckel. Der imposanteste heute lebende Vertreter ist der Hirschkäfer, der so groß wie ein Daumen wird. Die Männchen tragen eine Art Geweih. Dabei handelt es sich um umgeformte Mandibeln, das Insektenpendant zu unseren Oberkiefern. Obwohl der erwachsene Käfer nur mehr Baumsäfte schlürft, kann er mit seinem Geweih zupacken, besser zwicken. Man braucht jedoch keine Angst zu haben, dass er einem die Hand abreißt. Bemerkenswerter ist, dass die Larve bis zu acht Jahre für ihre Entwicklung braucht. Damit hat ein Hirschkäfer ein viel längeres Leben als die meisten Wirbeltiere im Wald.

Manche Arten von Käfern kommen immer mal wieder ins Gerede. Allen voran die Borkenkäfer. Sie sind zwar klein, gelten aber als die großen Gestalter in den Wäldern. Es gibt wohl neben den Menschen kein Tier in Deutschland, dass die Landschaft in kürzerer Zeit so umgekrempelt hat. Dabei gibt es nicht den einen Borkenkäfer. Mehr als 100 Arten leben in Deutschland. Gemeinsam ist ihnen ihre Kleinheit, ihre gedrungene Gestalt und ihre Kinderstube. Die liegt nämlich bei vielen Arten unter der Rinde oder tiefer im Holz selbst. Berüchtigt sind vor allem Buchdrucker, Kupferstecher und die beiden Waldgärtner. Buchdrucker stehen dabei geradezu synonym für hunderttausende Hektar toter Fichtenwälder.

Käfer sind natürlich keine bösartigen Zerstörer. Auch sie haben Rollen im Wald übernommen, als Pflanzenfresser, Beutegreifer, Zersetzer. Ein Großteil ist von Bäumen abhängig. 1377 der bei uns heimischen 4620 Käferarten leben von Totholz. Manche wie der schon erwähnte Hirschkäfer oder auch der Große Eichenbock beißen sich als Larve durch die toten Bäume, andere leben von ihnen als erwachsene Insekten.

Es gibt echte Jäger wie den Blauvioletten Waldlaufkäfer, der es unter anderem auf Schnecken abgesehen hat. Andere übernehmen das Zersetzen von totem Material. Sie verscharren Kadaver, Exkremente. Oder nagen sich eben durch Holz.

Die Nachfahren der Ursäuger und Dinosaurier

Es wäre unfair, nur die Gliedertiere im Wald anzuschauen. Denn auch die Wirbeltiere haben es zu einer gewissen Vielfalt gebracht. Und wieder, man ahnt es, kehren dieselben Rollen im Ökosystem wieder.

Neben den Gliedertieren haben Amphibien und Reptilien den Schritt an Land gewagt, beziehungsweise ihre Vorfahren vor 360 Millionen Jahren. In Deutschland leben 21 Amphibienarten, den meisten können wir auch im Wald begegnen. Feuersalamander sind typische Waldbewohner. Sie lieben feuchte Laubwälder und bleiben ihrem Revier treu. Dabei werden sie 20 Jahre alt, in Gefangenschaft sollen sie sogar ein Alter von 50 Jahren erreicht haben. Wenn sie erst einmal erwachsen sind, schützt sie ein Cocktail aus Giften, die sie in ihrer Haut haben. Netterweise warnt der Feuersalamander mit seiner kräftigen Farbe davor. Doch Menschen früherer Jahrhunderte hatten die dämliche Idee, dass dieses Gift auch Feuer löschen könnte. Bei einem Brand schmissen sie die Tiere hinein. Brannte es weiter, war es zu wenig Feuersalamander. Heute macht den Tieren nicht mehr solcher Aberglaube den Garaus, sondern Pilzinfektionen. In Nordrhein-Westfalen haben sie bereits zu Massensterben geführt.

Die Reptilien des Waldes haben sich vom Wasser nahezu komplett verabschiedet. Neben Eidechsen, Schlangen lebt in unseren Wäldern die Blindschlei-

Quellen des Lebens Wo Wasser aus dem Erdreich quillt, beginnt eine besondere Zone des Lebendigen. Kein Wunder, dass Quellen immer auch etwas Mystisches umgibt. Quellen sind arm an Nährstoffen und damit auch an Schadstoffen. Zudem bieten sie beinahe ganzjährig ein gleichmäßig kühles Wasser. Dennoch können Quellen sehr unterschiedlich sein, je nach Hangneigung, Untergrund und Menge des hervortretenden Wassers. Davon hängt auch das Artenspektrum an und in der Quelle ab. Es finden sich dort Quellschnecken, Bachflohkrebse, Eintagsfliegenlarven, Strudelwürmer und viele mehr. Zudem bieten Quellen den Larven von Bergmolchen und Feuersalamandern eine Kinderstube. Auch wenn Quellen grundsätzlich geschützt sind, sind manche Quelltypen seltener als andere. Zum Beispiel Kalktuffquellen. Es gibt sie in Bayern, Baden-Württemberg und auch in Nordrhein-Westfalen. Hier kümmern sich die Försterinnen und Förster im Projekt *Tuff-Life* um den Erhalt dieses seltenen Biotops.

che. Auch wenn sie beinlos ist, ist sie doch keine Schlange. Und absolut harmlos. Nimmt man sie auf die Hand, wirft sie ihren Schwanz ab. Sie lebt heimlich, und am ehesten begegnet man ihr, wenn sie am Wegesrand ein Sonnenbad nimmt. Sie ist ein Beispiel für ein Tier in unserer Nachbarschaft, über das weniger bekannt ist als über einen Eisbären oder einen Löwen in der Serengeti.

Aus Reptilien entwickelten sich unsere Vorfahren. Genau, jene kleinen schreckhaften Ursäuger, die im Schatten der allmächtigen Dinosaurier auf ihre Chance warteten. Und sie bekamen sie, als vor 65 Millionen Jahren ein Himmelskörper einschlug und die Dinos auf dem Höhepunkt ihres Daseins von der Erde wischte. Zumindest die meisten. Ihren erfolgreichsten Nachkommen können wir nämlich auch im Wald begegnen.

In Deutschland leben heute gut 100 Arten von Säugetieren, viele von ihnen in Wäldern. Am buntesten ist die Welt der Fledermäuse und die der Nagetiere. Sie machen das Gros der Spezies aus. Sechs Arten von Mäusen wohnen im Wald: die Wühl- beziehungsweise Kurzschwanzmäuse Erdmaus, Feldmaus, Rötelmaus und Schermaus. Dazu die Langschwanzmäuse Wald- und Gelbhalsmaus. Mäuse. Was bringen die schon im Wald? Nun, sie sind Nahrungsgrundlage für viele andere Tiere. Zudem lockern sie den Boden, verschleppen Samen und Pilzsporen, sind quasi Gärtner im Wald. Nicht verwechseln sollte man diese eigentlichen Mäuse mit den Spitzmäusen, die verwandtschaftlich näher bei den Igeln sind.

Am weitesten, also technisch gesehen, haben es die Fledermäuse gebracht. Sie haben nichts mit dem Nagetier Maus zu tun. Sie sind die einzigen Säuger, die wirklich fliegen können. Zudem ist ihr Orientierungssinn genial. Sie finden sich in ihrer Welt mittels Echo-Ortung zurecht. Und nicht nur das: Sie nutzen das Echo ihrer Rufe sogar, um ihre Beute aufzuspüren. Im Dunkeln und im Flug. 25 Arten sind für Deutschland verzeichnet. Viele Vertreter der Fledermäuse leben zumindest zeitweise im Wald. Sie gehören auch zu den Tieren, von deren Anwesenheit wir kaum etwas mitbekommen.

So ist kaum bekannt, wie viele Fledermäuse ein Hektar Wald beherbergen kann. Klar ist, dass die Arten Wald als Jagdgebiet nutzen, sie haben hier ihre Wohngemeinschaften, überwintern und paaren sich. Und klar ist auch, dass ihnen strukturreiche Wälder mit alten Bäumen besser gefallen. Hier finden sie alte Spechthöhlen oder von Pilzen in die Bäume gefressene Spalten. Futter gibt es genug. Je nach Art erbeuten sie Nacht für Nacht Unmengen an Insekten. Eine Zahl dazu lautet, dass eine Fledermaus 4000 Mücken in einer Schicht fängt. Für das Große Mausohr gab es in den 1950er Jahren die Hochrechnung, dass eine Kolonie mit 800 Tieren 55.000 Eichenwickler pro Nacht erbeutet habe. Eichenwickler gehören auch zu den Nachtfaltern, deren Raupen fleißig am Blattwerk nagen. Während dieser Schmetterling als Forstschädling gilt, sind die Fledermäuse im besten Sinn Nützlinge. Wobei die Einordnung in nützlich und schädlich einzig unserer eingeschränkten Weltsicht geschuldet ist. Davon wird im übernächsten Kapitel »Drama und Lehrstück« (S. 59) noch die Rede sein.

Neben den kleinen Säugern, die alles andere als eine Nebenrolle im Wald spielen, sind da die großen Säugetiere. Es gibt Hasen, die umherhoppeln, Füchse, Dachse, Wildschweine, Rehe bis hin zum Rotwild. Rothirsche sind die imposantesten Säuger, denen man im Wald mit einiger Wahrscheinlichkeit begegnet: 1,30 Meter hoch und 200 Kilogramm schwer.

Nach ihrem Speiseplan unterscheiden wir Menschen die Säuger gerne zwischen Vegetariern und Beutegreifern. Raubtier hieß das früher einmal. Aber auch da gibt es einen Sinneswandel, denn in Raubtier steckt der Vorwurf, da wäre ein Räuber, ein Bösewicht unterwegs. Dem Wolf, Luchs oder Fuchs unterstellt der Begriff Raubtier naturgegebene Schlechtigkeit. Seltsamerweise haftet dem Bären ein nicht ganz so schlimmes Image an wie dem Wolf. Er wäre immerhin der größte Beutegreifer in unseren Wäldern. Doch selbst, wenn sich hin und wieder ein Exemplar in den Bergwäldern der Alpen herumtreibt, ist mit ihm in absehbarer Zeit nicht zu rechnen. Überhaupt: Die Chance, einen Beutegreifer zu sehen, ist verschwindend gering. Am ehesten lässt sich noch mal ein Fuchs blicken.

Ganz oben auf der evolutionären Leiter hocken die Vögel. Sie können fliegen und sind würdige Nachfahren der Dinosaurier. In Deutschland brüten 244 Arten, 105 brauchen Wälder. 76 gelten als typische Waldvögel. Es ist gar nicht so einfach, die Piepmätze zwischen den Ästen und dem ganzen Grün zu entdecken. Leichter ist es, sie zu hören. Das beginnt mit einem Rascheln im Laub. Meist ist das nicht etwa eine Maus, sondern eine Amsel, die Käfer und Würmer aufscheucht. Die Amsel ist ein typischer Waldvogel, der eine zweite Karriere in unseren Gärten gemacht hat. Vor 200 Jahren galt sie noch als scheuer und seltener Waldspezialist. Sie lebte im dichten, dunklen Unterholz. Das ist der Grund, warum sie auch in der Dämmerung gut sehen kann. Dann fand sie an unserer Gesellschaft gefallen. Heute ist sie eine der häufigsten Singvogelarten. Manchmal eilt uns auf einem Waldspaziergang ihr Ruf vorweg. Sie meldet »Bodenfeind« und warnt damit alle vor uns. Von anderen Vögeln hören wir eher Rufe und Gesänge der Kategorie »Das hier ist meine Hood«. Das Repertoire der Vögel ist sehr reich. Neben den Klassikern von Zaunkönig, Blaumeise oder Zilpzalp ist das Schnarren des Eichelhähers unverkennbar, das Gurren einer Ringeltaube. Sehr beeindruckend ist auch der Smalltalk eines Uhu-Pärchens in der Dämmerung.

Aber das Konzert ist erst mit dem Hämmern der Spechte komplett. Natürlich rufen und singen Spechte auch, aber das Schlagen auf Holz ist eine besondere Variante der Verständigung. Die Tiere markieren damit ihr Revier, vergraulen Konkurrenten oder versuchen, Weibchen anzulocken. Mit ein wenig Übung lassen sich die verschiedenen Arten anhand des Klopfens unterscheiden. So hämmert der Buntspecht relativ schnell, aber nur etwas weniger als eine Sekunde lang. Der Schwarzspecht hingegen trommelt sehr lang, bis zu drei Sekunden. Zudem ist sein Klopfen weithin zu vernehmen. Dem Schwarzspecht ist auch gut ein »Kliööh« zuzuordnen. Er markiert so seinen Standort.

Vielfalt in Gefahr

Die Vielfalt der Arten im Wald darf nicht darüber hinwegtäuschen, dass einige Arten häufiger vorkommen, während andere selten sind oder sogar an der Schwelle zum Aussterben stehen. Ein prominenter Vertreter aller ausgestorbenen Arten des Waldes ist der Auerochse oder Ur. Das waren noch Zeiten, als diese Wildrinder durch die Wälder streiften! Sie waren sogar Julius Cäsar eine Notiz in seinem Buch *Vom Gallischen Kriege* wert. Doch der mächtige Auerochse passte nicht zu unseren Vorstellungen einer zivilisierten Wildnis. Der letzte starb 1627 in Polen. Unsere Hochleistungsrinder sind nicht mehr als ein fernes Echo dieser Tiere. Immerhin stammen sie von Auerochsen ab, die sich in die Obhut von Menschen begeben haben. Heute gibt es immer mal wieder Versuche mit Rindern, die man im Wald für sich lässt. Sie sollen den Auerochsen ähnlich sein. Das mag vielleicht vom Aussehen her stimmen. Aber solche Rückzüchtungen dürfen nicht darüber hinwegtäuschen, dass die ursprüngliche Art verschwunden ist und bleibt.

Die Auerochsen sind beileibe nicht die einzige Art, die im Wettstreit mit dem Menschen den Kürzeren gezogen hat. In Mitteleuropa haben wir den Wisenten den Garaus gemacht, den Elchen, den Braunbären und dem Wolf.

Immerhin kommt der Wolf zurück. Auch der Wisent hat eine Chance. Zum Beispiel im ostwestfälischen Hardehausen. Eine Wisentherde kann dort den Wald verändern, zumindest hinter einem Zaun. Wie weit Wisente, Wölfe oder andere Tiere in einem hochentwickelten Industrieland noch artgerecht leben können, ist noch nicht abschließend geklärt.

Früher war auch nicht alles besser. Mitte des 19. Jahrhunderts waren unsere Wälder recht armselig, was den Anteil an großen Säugern anging. Und nicht nur sie: Rote Listen, auf denen festgehalten ist, wie es um Arten bestellt ist, werden eher länger als kürzer. Die Große Hufeisennase ist mittlerweile extrem selten, genauso wie Luchs, Juchtenkäfer oder Schwarzstorch. Neue Erhebungen zeigen, dass es ein Insektensterben nicht nur auf landwirtschaftlichen Flächen gibt, sondern dass auch Wälder betroffen sind. Eine Studie der Universität Darmstadt nahm sich Populationen von 1805 Insektenarten in deutschen Wäldern vor. 60 Prozent der Arten nahmen ab. Wie sich der Trend weiterentwickelt und welche Folgen das haben kann, ist noch nicht abzusehen.

Die Gründe für das Verschwinden sind vielfältig. Der Wald hat sich durch die Ansprüche der Menschen verändert, dies ist der gemeinsame Nenner. Dabei sind die Veränderungen keineswegs nur auf Maßnahmen direkt im Wald

Paradiese auf Zeit

Lebensraum ist das, was man daraus macht. Eine Pfütze ist so ein unerwartetes Biotop. Sie entsteht eher durch Zufall; der Weg ist nachlässig angelegt oder schwere Maschinen haben sich in den Untergrund eingegraben. Das sich dort ansammelnde Wasser ist oft nicht einmal so tief, wie ein kleiner Finger lang ist. Die Lache ist zudem selten von Dauer. Sie trocknet aus, verschwindet wieder in der Fahrspur. Dennoch: Eine Pfütze ist ein kleines Paradies für eine Handvoll Spezialisten. Während wir sie umgehen oder fluchen, wenn wir sie einmal nicht umgehen können, bietet sie einigen Arten alles, was sie zum Leben brauchen. Da wären die kleinen Bewohner zu nennen: Bärtierchen, Wasserflöhe und Enchyträen, das sind kleine, weiße Würmer. Mückenlarven schwimmen umher, Schwarze Wasserspringer weiden den Bakterienrasen ab. Hinzu kommen Rotbauchunken und Kreuzkröten, die der Pfütze ihren Nachwuchs anvertrauen.

Die Vorteile des Lebensraums Pfütze überwiegen die Risiken. Die Zahl der Beutegreifer ist übersichtlich. Die Kleinstgewässer erwärmen sich schneller und erlauben den Tierchen ein schnelles Wachstum. Auch anderen Anwohnern sind sie eine willkommene Anlaufstelle. Sie dienen etwa Vögeln als Tränke und Badezimmer.

zurückzuführen. Auch Veränderungen, die auf den ersten Blick gar nichts mit dem Wald zu tun haben, bewirken den Verlust der Vielfalt. Letztlich läuft es aber auf dasselbe hinaus, viele Tieren verloren ihren Lebensraum. Was im globalen Maßstab abläuft, findet sich auch im Wald. Das kommt einem absurd vor, denn wir nehmen Wälder immer noch als vergleichsweise naturnah wahr. Die Artenvielfalt geht auch im Wald zurück. Das trifft fast alle Arten vom Regenwurm bis zum Großsäuger gleichermaßen. Mit wenigen Ausnahmen: So zeigt etwa eine Untersuchung des Landesumweltamtes Nordrhein-Westfalen, dass gerade im Vergleich zu Vögeln des Agrarlandes die Vogelarten des Waldes besser bestehen. Schwarzstorch und Uhu beispielsweise. Deren Zahl hat erfreulicherweise deutlich zugenommen.

Dennoch: Prinzipiell ist die Biodiversität in Gefahr. Die Gründe sind unterschiedlich. Der Auerochse starb aus, weil er eine gute Jagdbeute war und Bauern als Konkurrent um Weide galt. Wolf, Bär, Luchs verschwanden, weil sie lästige Mitbewerber um den gleichen Lebensraum waren. Viele Insekten verschwinden, weil sie bestimmte Lebensräume brauchen. Zum Beispiel alte Bäume oder bestimmte Futterpflanzen. Und sie brauchen sie nicht an einer Stelle im Wald, sondern an vielen Stellen. Dennoch ist es ermutigend, wenn die Anzahl der Waldvogelarten zunimmt, wenn es mehr und mehr Biotopbäume gibt. Wenn Erhalt und Mehrung der Vielfalt von Forstverwaltungen gefördert wird.

Das Problem des Verlusts der Artenvielfalt können auch Försterinnen und Förster allenfalls bremsen. Hinzu kommen die vielfältigen Einwirkungen der Industriegesellschaft, die sich in der Klimakrise am deutlichsten manifestieren. Die Klimakrise verändert Lebensräume schneller, als sich viele Tiere anpassen können. Man vermutet, dass auch der Insektenschwund in Wäldern mit Trockenheit einhergeht.

Aber die Vielfalt an Tieren ist nur ein Teil im Ökosystem Wald. Komplett ist das System nur, wenn man sich die Pflanzen und Pilze anschaut, ihnen genau auf Blatt und Wurzel blickt.

Lichtgestalten und Schattendasein

Scheinbar aus dem Nichts erschaffen Pflanzen alles Leben. Ein Wunder? Weit gefehlt. Die meisten Pflanzen benutzen einen zugegeben ausgefeilten chemischen Trick, um aus Sonnenlicht, Wasser und Luft Masse zu produzieren. Schon seit 2,7 Milliarden Jahren wenden Organismen ihn an. Er hat uns nicht nur Erdbeeren und Weihnachtsbäume beschert, sondern erlaubt erst das Leben, wie wir es heute kennen: die Photosynthese.

Pioniere waren damals die Cyanobakterien. Diese einzelligen Geschöpfe verbrauchten für ihren Alltag fleißig Kohlendioxid aus der Luft. Sonne gab es gratis dazu, Wasser genauso. Die Cyanobakterien, so klein sie auch sind, zeigen, wie eine Lebensform ein ganzes System umkrempeln kann. Sie brachten durch ihre Photosynthese mit dem Sauerstoff quasi einen neuen Mitspieler in das Ökosystem. Und sie taten das hunderte von Millionen Jahren lang. Schließlich war so viel Sauerstoff in der Atmosphäre, dass der hohe Gehalt am Ende viele der anderen Mikroben verschwinden ließ, die es sich in einer Welt ohne Sauerstoff gemütlich gemacht hatten.

Diese Sauerstoffkatastrophe hat die Erde erst zu einem für uns gastlichen Ort gemacht. Dabei vergessen wir gerne, dass auch Pflanzen genau wie wir atmen und dabei einen Teil des Sauerstoffs wieder verbrauchen. Dafür geht es am besten zurück zum Chemie-Unterricht, siebente Klasse: Wenn etwas verbrennt, verbindet sich ein Element mit Sauerstoff. Ein Stück Holz verbraucht Sauerstoff, wenn es im Kamin prasselt. Nichts anderes – abgesehen von den Flammen – passiert in uns, wenn wir ganz normal in den Tag hineinleben oder einen Ausflug in den Wald machen. Wir erzeugen Energie, indem ein Treibstoff in unserem Inneren mit Sauerstoff reagiert. Glücklicherweise gehen wir dabei selten in Rauch auf. Nicht anders ist es in Pflanzen; auch sie erzeugen Energie, indem sie ihren eigenen Brennstoff mit Sauerstoff reagieren lassen. Sie atmen dafür Sauerstoff ein und geben Kohlendioxid ab.

Der Clou an der Geschichte ist, dass Pflanzen seit den Cyanobakterien in der Lage sind, ihren privaten Energievorrat aus Sonnenlicht zu speichern, indem sie Kohlenhydrate aus Wasser und Kohlendioxid aufbauen. Der Sauerstoff ist auf diesem Weg der Abfall. Erst wenn sie die Energie wieder brauchen, nehmen sie Sauerstoff auf und wandeln den Vorrat zurück in Energie um. Zu unserem Glück produzieren Pflanzen mehr Sauerstoff als Kohlendioxid.

Seit den Cyanobakterien und ihrem Trick hat sich die Pflanzenwelt prächtig entwickelt. Natürlich war das ein langer Weg. Erst vor nicht einmal 475 Millionen Jahren haben sich die ersten Pflanzen aus den Ozeanen an Land getraut.

Die Vorfahren unserer Wälder

Pflanzengesellschaften, die wir als Wälder anerkennen würden, gibt es seit rund 400 Millionen Jahren. Dünne Hinweise fanden Paläo-Botaniker im Nordosten der heutigen Vereinigten Staaten. Die Überreste von Wurzelgeflechten verweisen auf einen Wald, der dort vor 386 Millionen Jahren wuchs.

Streng genommen waren die Ur-Wälder nach unseren Maßstäben quasi baumlose Wälder. Denn statt Bäumen moderner Machart prägten Arten von Cladoxylopsiden diese frühen Pflanzengesellschaften. Sie reichten bis zu zehn Meter hoch und hatten zwar verholzte Stämme, aber ihre ganze Struktur und ihre Art zu wachsen unterschied sich komplett von der unserer vertrauten Bäume. Sie bildeten ein dichtes Gewebe von hölzernen Strängen.

Vor 300 Millionen Jahren kam mit den Cladoxylopsiden das Konzept Wald richtig in Schwung. Buchen oder Eichen gab es zwar immer noch nicht, nicht einmal Nadelbäume. Dennoch bekamen große Pflanzen ihre Chance. Gewaltige Wälder aus Bärlapp-, Farn- und Schachtelhalmbäumen überzogen die Erde. Sie nahmen Unmengen Kohlendioxid aus der Luft und schlossen den Kohlenstoff für Jahrmillionen weg. Wir kennen diese alten Wälder, denn sie sind nichts anderes als die Steinkohle, die wir heute zur Erzeugung von Stahl, Strom und Wärme verfeuern.

Den Prozess der Speicherung damals können wir uns ähnlich wie heute in einem Moor vorstellen. Neue Pflanzengenerationen wuchsen auf abgestorbenen Pflanzen, die ihrerseits auf Überresten älterer Pflanzen standen. Immer wieder überschwemmten Meere diese Schichten, lagerten Sand und Schlamm auf ihnen ab. Dann fielen die Gebiete wieder trocken, Pflanzen eroberten sich das Land zurück und bildeten neue Schichten. Dass sich so viel Pflanzenmaterial anlagern konnte, lag nicht nur daran, dass es keine Motorsägen gab.

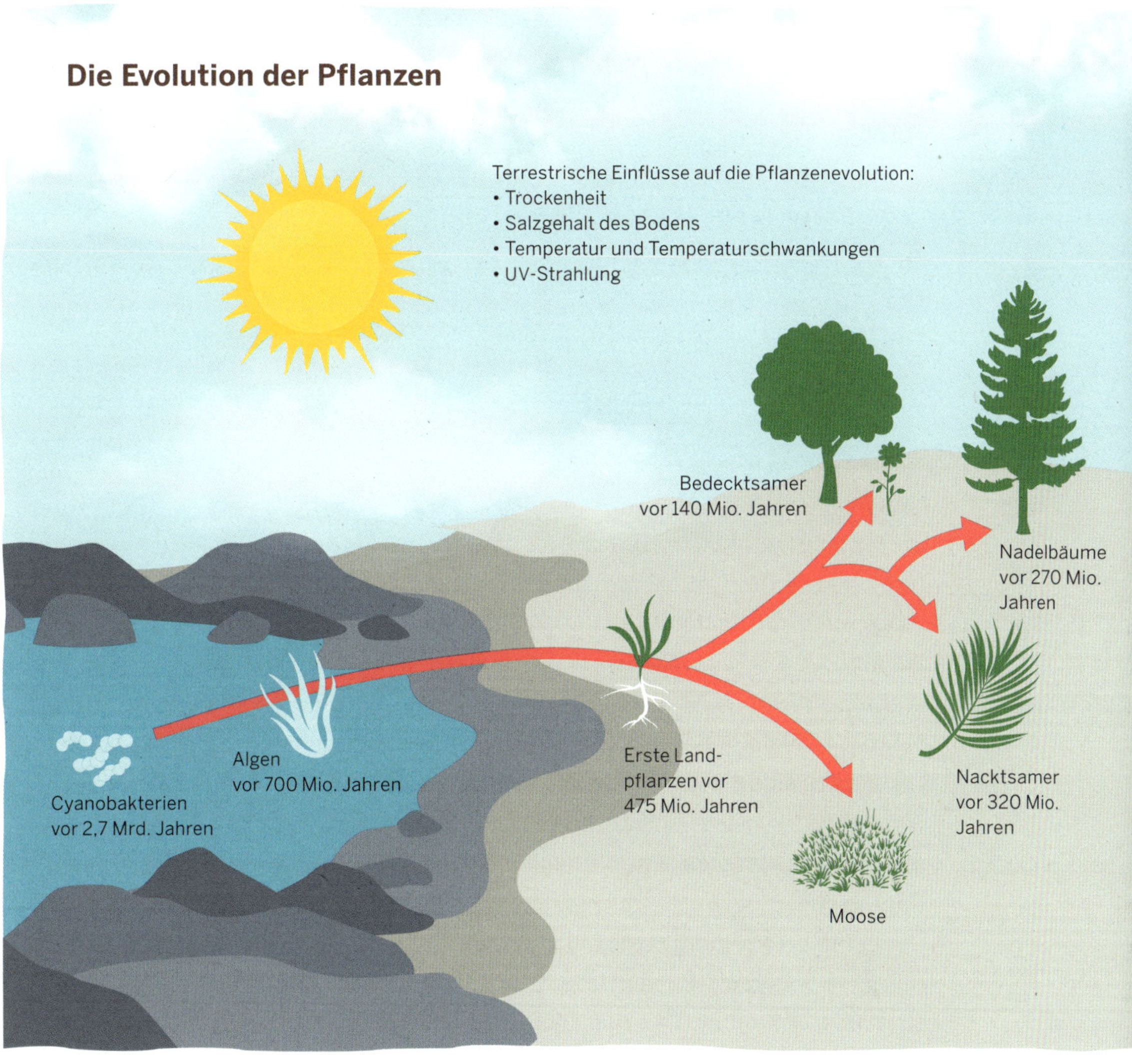

Der Landgang der Pflanzen begann vor mehreren hundert Millionen Jahren. Algen in ufernahen, flachen Gewässern wurden wahrscheinlich an Land gespült und verblieben dort, wenn sich das Wasser zurückzog. Sie eroberten neuen Lebensraum und sind die Vorfahren unserer heutigen mannigfaltigen und hochkomplexen Flora und Fauna.

Das Lignin der Pflanzen erwies sich als harter Brocken im Abbau. Ein entscheidender Faktor war, dass Weißfäulepilze noch nicht auf der Bühne waren, die ordentlich mit den toten Pflanzen aufgeräumt hätten. Die traten erst vor 290 Millionen Jahren in Erscheinung. Aber selbst danach bildete sich unter bestimmten geologischen Bedingungen noch Kohle. Braunkohlelager entstanden vor 65 bis 2 Millionen Jahren. Selbst Weißfäulepilze brauchen Sauerstoff zum Atmen.

Eine umwälzende Erfindung – der Samen

In der Zwischenzeit spielte sich eine weitere Revolution im Grünzeug ab: Vor 320 Millionen Jahren streckten die ersten Samenpflanzen ihre Blätter und Stängel in den Himmel. Vorher gab es das Prinzip Samen nicht. Die alten Pflanzenarten wie die Schachtelhalme vermehren sich bis heute, indem sie Sporen auf die Reise schicken. Oder sie pflanzen sich über unterirdische Ausläufer fort. Das Neue aber, die Geschichte mit den Samen, war sensationell, denn ein Samen besteht neben der neuen Pflanze aus einem kleinen Vorrat und einer Hülle. Das Prinzip Nacktsamer war in der Welt. Das erleichtert den Start der neuen Generation ungemein. Ein Same ist eine Spore, die viel besser ausgerüstet ist. Für beide gilt: Nur noch Wasser hinzufügen.

Bis zu den heutigen Wäldern war es immer noch ein langer Weg. Die ersten Samenpflanzen waren allesamt Nacktsamer. Vor 270 Millionen Jahren kamen dann die ersten Nadelbäume unter den Nacktsamern auf. Eine echte Erfolgsgeschichte, diese Nadelbäume. Fast 200 Millionen Jahre lang waren sie diejenigen Pflanzen, die den Ton auf der Erde angaben. Dinos wanderten in Wäldern aus Nadelbäumen umher.

Nadelbäume sind bis heute die erfolgreichste Gruppe der Nacktsamer. Im Fachjargon heißen sie Koniferen, was nichts anderes bedeutet als Zapfenträger. Das passt, denn der Zapfen ist eines ihrer gemeinsamen Merkmale. Er verbindet Fichten mit Kiefern, mit Mammutbäumen und Zypressen. Zapfen sind dennoch sehr unterschiedlich: Da gibt es die Tannenzapfen, die am Baum bleiben und in ihre Samen zerfallen, die Fichtenzapfen, die im Ganzen auf dem Boden landen, die kleinen Lärchenzapfen und die noch kleineren Zapfen von Riesenmammutbäumen. Zapfen sind aber nicht als Mordinstrument oder Schmuck in die Welt gekommen. In ihnen sitzen die Fortpflanzungsorgane der Nadelbäume: die männlichen Zapfen, die Pollen produzieren, und die weiblichen Zapfen, in denen die weiblichen Organe der Pflanze stecken. Hier bilden sich nach der Befruchtung die Samen.

Nadelbäume haben jedoch auch ihre Schwächen. Und die Konkurrenz ist ihnen in der Evolution vorausgeeilt, sodass ihre Vorherrschaft heute vorbei ist. Vor 145 Millionen Jahren brachte die Natur ein neues Modell Pflanze heraus: den Bedecktsamer. Zu diesem fortschrittlichen Kreis gehören quasi alle Pflanzen, die für Landwirtschaft interessant sind. Und natürlich unsere Laubbäume. Sie sind – Stand heute – die erfolgreichere Pflanzenvariante. Zig hunderttausend Arten gibt es. Sie haben fast den ganzen Planeten erobert und den Nacktsamern den Rang abgelaufen.

Magnolien gehörten zu den ersten Arten, die moderne Bäume hervorbrachten.

Der Bedecktsamer ist Hightech im Pflanzenreich. Im Gegensatz zu den Nadelbäumen sind die Samen von Pflanzen, die im Club der Bedecktsamer mitspielen, mit einem umgewandelten Teil ihrer Blüte umhüllt. Hört sich unspektakulär an, doch Bedecktsamer sind damit viel präziser als die Nacktsamer. Sie schützen den wertvollen Samen durch die Umhüllung viel besser. Zum Beispiel vor Trockenheit oder hungrigen Tierchen. Zudem erlaubt diese neue Blütenkonstruktion eine effizientere Bestäubung.

Nacktsamer hingegen entlassen Unmengen an Pollen in die Luft, damit wenigstens ein paar davon ans Ziel kommen und die weibliche Blüte bestäuben. Wir sehen das im Frühjahr schön, wenn Wolken gelben Staubs von Fichten aufsteigen. Da kommt ganz schön was zusammen, denn ein Baum hat 100.000 bis 150.000 männliche Blütenstände, und jeder Blütenstand produziert 200.000 Pollen.

Bedecktsamer verließen und verlassen sich mehr auf Klasse statt auf Masse. Sie experimentierten mit niedrigem und hohem Wuchs und kopierten schließlich das Konzept Baum. 100 Millionen Jahre ist es her, dass die ersten Laubbäume in den Wäldern wuchsen. Aber immer noch war keine Buche in Sicht. Magnolien gehörten zu den ersten Arten, die moderne Bäume hervorbrachten. Der Erfolg spricht für sich und die Magnolien-Familie konnte sich seither auf der Erde behaupten.

Die meisten Bäume zählen heute zu den Bedecktsamern. Laubbäume gedeihen in der Arktis genauso wie in Wüsten sowie Regenwäldern, und sie dominieren den Wald auch in unseren Breitengraden. Oder besser: würden ihn dominieren. Um Christi Geburt lag der Waldanteil in Deutschland noch bei über 80 Prozent und Laubbäume gaben den Ton an.

Es gibt noch einen Unterschied, den Bedecktsamer gegenüber Nacktsamern haben: Bedecktsamer nutzen Tiere. Wenn zum Beispiel eine Biene ein Pollenpaket von einer Pflanze direkt zur nächsten trägt, braucht sie nicht in Streuverluste zu investieren. Und natürlich auch nicht die anderen Bedecktsamer. Die Evolution zum geschützten Samen der Bedecktsamer hat dabei viele Arten von Blüten hervorgebracht. Manche haben ausgeklügelte Mechanismen entwickelt, um nur bestimmte Insekten in ihre Blüten zu lassen oder nur zu einer bestimmten Zeit.

Die hohe Zeit der Nadelbäume mag vorbei sein. Dennoch sind sie alles andere als Auslaufmodelle der Evolution. Sie bestimmen gerade in höheren Breitengraden oder im Gebirge das Bild. Was wären Sibirien oder Kanada ohne die borealen, also die nordischen Nadelwälder?

Nadelbäume sind auch dort vorherrschend, wo es der Mensch so wollte. Das kommt nicht von ungefähr. Nadelbäume haben ein paar Trümpfe unter der Rinde. So tragen sie ihre Photosynthese-Organe, die Nadeln, das ganze Jahr lang. Mit Ausnahme der Lärchen natürlich, aber irgendeiner tanzt ja immer aus der Reihe. Prinzipiell hilft die Ganzjahres-Belaubung Tannen, Kiefern und Fichten, Energie dann zu sammeln, wenn die Bedingungen passend sind. Sie können im Frühjahr gleich loslegen, ohne erst Blätter schieben zu müssen.

Mehr als nur Bäume

Die alten Wälder der Dino-Zeit, in denen Schachtelhalme, Nadelhölzer oder Verwandte des Ginkgo den Ton angaben, sind lange verrottet. Unsere heutigen Wälder sind das modernste, was die Natur zu bieten hat. Ihre grundsätzliche Struktur hat sich dennoch seit dem Pliozän nicht geändert. Vor fünf Millionen Jahren wuchsen in Deutschland bereits Buchen und Eichen und dazu viele andere Baumarten, die es heute nicht mehr gibt.

Sie sind nicht heimlich verschwunden, die Kälte hat sie vertrieben. Denn vor 2,6 Millionen Jahren erledigten Eiszeiten den Wald in Mitteleuropa für ein Zeitalter. Ohne allzu sehr auf Kapitel »Die Axt im Wald« (S. 80) vorzugreifen: Ein paar Baumarten kehrten zurück, einige blieben ganz verschwunden. Wenn überhaupt, haben sie erst mit unserer Hilfe hierher zurückgefunden.

Die Eiszeit ist nun schon ein Weilchen her und heute ist Deutschland zu einem guten Drittel mit Wald bedeckt. Bäume sind dabei die größten Vertreter unter den Pflanzen. Sie sind zahlreich. Grob geschätzt 115 Milliarden Exemplare könnte man in Deutschland zählen, plus/minus ein paar Milliarden. Es hängt auch davon ab, wen man alles mitzählt. Wie viele Bäume auf einem Hektar stehen, hängt von den Baumarten und deren Alter ab. Das können 400 ältere Fichten oder 150 alte Buchen sein. Oder 50.000 Keimlinge. Plus junge Buchen, mittelalte Buchen, alte Buchen und tote Buchen. Wald ist im besten Fall ein Mix aus verschiedenen Altern und Zuständen. Das heißt, Bäumen jeden Alters stehen lichter oder dichter beieinander. Vielleicht in Gruppen, vielleicht mit großen Lücken zwischen den einzelnen Bäumen. Wald ist auch in seiner möglichen Struktur vielfältig.

Ein Wald besteht jedoch nicht nur aus Bäumen. Ohne die anderen Pflanzen bliebe der Wald im Sinne der Vielfalt armselig. Wie ein Getreidefeld, nur eben mit Bäumen. Erst in der Mischung kann aus einer Kulturlandschaft auch eine vielfältige Kulturlandschaft werden. Das sagt natürlich noch nichts über die Ästhetik aus.

In einem Wald gibt es Sträucher, Gräser, Blumen, Farne, Moose – sie alle tragen zur Biomasse, also zur Gesamtheit organischen Materials eines Waldes bei. Wälder erzeugen davon hierzulande im Durchschnitt 5 bis 20 Tonnen pro Jahr und Hektar. So wird ein Wald zu einem Ort, an dem Kohlendioxid gebunden ist.

Alle möglichen Arten von Pflanzen sind daran beteiligt. Klar, stilbildend sind die Bäume. Sie machen das Waldklima, bestimmen über Feuchtigkeit und Licht. Alle anderen Pflanzen müssen sich darauf einstellen. Gerade das Licht oder vielmehr der Mangel an Licht entscheidet, welche Art im Wald einen Platz findet. In einem dichten Fichten- oder Buchenwald gelangen mitunter nur zwischen zwei und fünf Prozent der Lichtmenge, die oberhalb der Krone ankommen, bis auf den Boden. Das bedeutet für alle Pflanzen darunter, dass sie möglicherweise nicht genug Energie von oben bekommen, um ausreichend Photosynthese zu betreiben.

Wenn sie leben wollen, müssen sie sich etwas einfallen lassen. Und so haben sie Strategien entwickelt, um trotz ihres Schattendaseins zu gedeihen. Manche kommen einfach mit wenig Licht aus. Andere setzen auf die Phasen im Wald, in denen es Licht im Überfluss gibt. Das kann eine Lücke sein, wenn ein alter Baum nicht mehr den Himmel versperrt. Oder die Pflanzen suchen sich einen Zeitpunkt im Jahresverlauf aus, in dem der Himmel noch nicht von Blättern verdeckt ist.

Moose haben den genügsamen Weg gewählt. Diese einfachen Pflanzen gedeihen selbst im Halbdunkel, wenn weniger als 0,05 Prozent des Lichtes bei ihnen ankommt. Ohnehin sind sie ein wenig die Underdogs im Wald. Irgendwie bleiben sie immer links liegen. Auch Moosen gegenüber sollten wir etwas mehr Respekt haben. Schließlich reichen ihre Wurzeln bis in die Untiefen der Erdgeschichte. Sie waren die Pioniere, die vor gut 400 Millionen Jahren an Land gegangen sind. Ohne ihren Einsatz gäbe es heute keine Wälder. Sie haben geringe Ansprüche und manche von ihnen können nach Monaten ohne Wasser wieder zum Leben erwachen. Sie besiedeln selbst so etwas Ungastliches wie bloßen Stein. Mit Geduld und Hartnäckigkeit setzen sie sich fest. Ihre feinen Wurzelfasern dringen in kleinste Ritzen und helfen, auch den hartnäckigsten Fels mürbe zu machen. Im Laufe der Zeit bildet sich eine Proto-Erde; die Moose sind damit Wegbereiter höherer Pflanzen. Sie haben allerdings keine echten Wurzeln wie ihre weiter entwickelten Pflanzenverwandten. Ihre sogenannten Rhizoide dienen lediglich dazu, sich in die Krume zu krallen.

Im Schatten der Bäume, auf Gestein, in Schächten, auf Dächern oder Heiden gedeihen im Wesentlichen drei Gruppen von Moosen: Laubmoose, Lebermoose und Hornmoose. Sie haben es auf eine erstaunliche Vielfalt gebracht: 1121 Moosarten sind für Deutschland bekannt. Davon gelten 54 als ausgestorben und 335 Arten als gefährdet oder vom Aussterben bedroht. Rund 700 Arten finden sich in Wäldern und kaum einer kennt sie. Wieder so eine Gruppe von Lebewesen, die wir gerne einmal übersehen, die aber wichtig ist für das ganze Ökosystem. Nicht nur als Wegbereiter, sondern auch als Puffer gegen Erosion, und als Wasserspeicher. Moose agieren dabei wie ein Schwamm; sie sind in der Lage, das Sechs- bis Siebenfache ihres Trockengewichtes an Wasser zu speichern. Torfmoose nehmen sogar das 20-Fache ihres Gewichts an Wasser auf. Und nicht nur das: Mit dem Regenwasser sammeln Moose auch Nährstoffe aus der Luft ein und peppen ihren eigenen Standort auf. Gut, wenn sie an äußerst kargen Orten wachsen.

Gräser verraten uns viel

Auf der Liste der allzu häufig ignorierten Waldpflanzen kommen gleich nach den Moosen die Gräser. Auch Gras scheint beim Spaziergang durch den Wald kaum jemanden zu interessieren. Fair ist das nicht. Gräser haben so wenig Aufmerksamkeit nicht verdient. Zunächst einmal: Es gibt nicht das eine typische Waldgras. Unterschieden werden Süßgräser und Sauergräser. Auch die Binsengewächse gehören zur Gruppe der Gräser. Die sehen aus wie Gräser, sind von ihren Blüten her jedoch eher mit den Liliengewächsen verwandt.

Wo die Wald-Hainsimse gedeiht, verrät sie dem Betrachter, dass der Boden eher sauer ist. Die Pflanze meidet Kalk und kommt beispielsweise in Buchenwäldern vor, die auf Sandstein stehen.

Gräser dienen Tieren als Nahrung, als Lebensraum. Zum Beispiel dem Schmetterling mit dem schönen Namen Waldbrettspiel. Seine Raupen fressen verschiedene Gräser und verpuppen sich an ihnen. Auch der Mensch nutzte Gräser aus dem Wald. Früher trieb er Schweine und Rinder hinein. Die konnten sich am Gras laben, wo es denn wuchs. Zudem war es lange üblich, Waldgräser zu ernten und sie beispielsweise als Stopfmaterial für Matratzen zu nehmen.

Selbst wenn wir kein neues Kopfkissen brauchen und keine Kühe füttern wollen, ist es hilfreich, sich mit Gräsern zu beschäftigen. Dabei kommen wir zu einer für jeden Waldbesuch praktischen Eigenschaft der Pflanzen. Sie verraten etwas über den Lebensraum, auf dem sie wachsen.

Im ersten Schritt könnten wir schauen, wie die Halme eines x-beliebigen Grases geformt sind. Sind sie rund und tragen kleine Knubbel, die den Halm unterteilen? Dann handelt es sich sehr wahrscheinlich um ein Süßgras. Hat es zudem einen kompakten Blütenstand und duftet nach Waldmeister, ist es vielleicht ein Ruchgras. Der Geruch kommt vom Kurmarin in der Pflanze. Ein anderes Süßgras ist die Wald-Zwenke. Sie bildet kleine, dichte Horste und ihre Ährchen hängen wie Trauben an ihrem Stängel.

Die Wald-Segge hingegen gehört zu einer anderen Familie der Gräser – den Sauergräsern. Sie sieht ein wenig aus wie Miniatur-Weizen, wobei ihre Halme hoch wie ein erwachsener Mensch sein können. Den Sauergräsern ist gemein, dass ihr Halm keine Knoten hat und dreikantig ist.

Komplett ist der Graskanon mit den Binsengewächsen. Sie wachsen ebenfalls mit runden Halmen, aber sie tragen keine Knoten. Manche Binsen haben ein Faible für sumpfige Stellen. Damit ist klar: Wenn wir zum Beispiel einer Flatter-Binse begegnen, sind Gummistiefel möglicherweise eine gute Wahl. Sie wächst häufig auf feuchten, mitunter sogar sumpfigen Plätzen.

Wer sich in die verwirrende Vielfalt der Gräser eingedacht hat, erkennt den Charakter eines Lebensraumes quasi im Vorübergehen. Gräser sind Zeigerpflanzen. Die Wald-Zwenke etwa mag es lieber, wenn der Boden ordentlich Kalk enthält. Das Ruchgras hingegen mag Kalk nicht so gern. Es steht auf mageren Böden. Damit sind Gräser ein wichtiger Hinweis bei der Beschreibung eines Waldes. Ist er feucht? Wie sind die Böden beschaffen? Was könnte dort noch gut gedeihen?

Clevere Blüher

Eine besondere Gruppe innerhalb der Blumen eines Waldes sind die sogenannten Frühjahrsgeophyten, eine Gruppe von Frühblühern. Das sind Pflanzen, die das Problem mit den Schatten der Bäume umgehen, indem sie genau dann wachsen, blühen, Samen bilden, wenn noch keine Baumblätter das Licht abschirmen. Zu ihnen gehören einige der bekanntesten Waldblumen: Buschwindröschen, Hohler Lerchensporn, Bärlauch, Wald-Veilchen, Leberblümchen und Wald-Schlüsselblume. Ihnen gemeinsam sind einige Anpassungen an die Jahreszeiten. So stehen ihre Blüten unter der Erdoberfläche in den Startlöchern. Deutet sich das Frühjahr an, schieben sie ihre Triebe in die Frühlingssonne. Mitunter haben sie dabei sogar noch den Schnee zu umgehen. Das Schneeglöckchen schafft das mit einem eigenen Frostschutzmittel. Die Blume stellt statt Glucose Glycerin her und verhindert, dass sich Eis bildet und ihre zarten Zellen zerreißt.

Die Blüten kommen und setzen auf frühe Insekten wie die Hummeln, um sich bestäuben zu lassen. Neben ihren Blüten zeigen sich auch Blätter. Doch die Photosynthese liefert am Anfang zu wenig Energie für diese Kraftanstrengung. Deswegen zehren die Pflanzen von ihren Vorräten. Das können Wurzeln sein, Knollen oder Zwiebeln. Am Ende der Saison sind diese Speicher im besten Fall wieder voll.

Diese Frühblüher gedeihen nicht in allen Waldtypen gleichermaßen. In dunklen Nadelwäldern sucht man sie vergeblich. Da fehlt das Licht das ganze Jahr hinüber, genauso wie anderswo Feuchtigkeit Mangelware ist. Die Frühblüher sind charakteristisch für die Buchenwälder Mitteleuropas. Wenn man häufig und regelmäßig in so einem Buchenwald unterwegs ist, fällt auf, dass beispielsweise Buschwindröschen und Waldmeister nicht zusammen blühen. Auch unter Frühblühern gibt es eine Taktung. Sehr zeitig ist das Scharbockskraut mit seinen gelben Blüten unterwegs. Genau wie Buschwindröschen und Leberblümchen. Im April kommen Hohler Lerchensporn und Wald-Bingelkraut hervor. Ende April zeigen sich schließlich Aronstab, Waldmeister und Bärlauch.

Damit ist der Kanon der Waldpflanzen noch nicht komplett. So gibt es neben den niedrigeren Pflanzen zahlreiche Sträucher wie den Schwarzen Holunder, den Seidelbast, die Hundsrose oder den Schwarzdorn. Orchideen wie der Frauenschuh oder das Waldvögelein blühen ebenfalls im Wald. Sie alle sind Protagonisten und Ausdruck der Artenvielfalt.

Eine eigene Lebensform – die Pilze

Wald wäre nicht komplett ohne die Pilze. Sie sind ein Sonderfall. Viele Menschen nehmen sie als Pflanzen wahr. Sie sind aber keine. Pilze bilden neben Tieren und Pflanzen ein eigenes Reich der Vielzeller. Sie stehen uns Menschen

Wunderwerk Zunderschwamm

Dieser Pilz ist ein beeindruckender Siedler an Buchenstämmen. Seine Konsolen können 30 Zentimeter im Durchmesser erreichen und viele Jahre an den Bäumen wachsen. Dabei sind diese Fruchtkörper erst vorhanden, wenn der Pilz den Baum bereits erobert hat. Durch kleine Wunden können die Sporen eindringen. Sie wachsen im Inneren und bauen vor allem das Lignin im Holz ab. Deswegen gehört der Zunderschwamm auch zu den Weißfäulepilzen. Sein Name leitet sich vom Zunder ab, denn das Innere der Pilzkonsole diente zum Feuermachen.

Der blasse Parasit Diese Pflanze ist alles andere als hübsch und bunt. Nicht mal grün ist sie. Wozu auch, der Fichtenspargel hat seine ganz eigene Art der Ernährung gefunden. Er lebt in feuchten, dunklen Wäldern, dort, wo andere mangels Lichts schon längst aufgegeben hätten. Nicht so der Fichtenspargel. Er gedeiht in Partnerschaft mit Mykorrhiza-Pilzen, deren Mycel, eine Art Wurzelgeflecht, der Pflanze bei der Versorgung hilft. Genauer gesagt geschieht hier eine Transferleistung: Der Pilz ist neben dem Fichtenspargel mit Bäumen oder Sträuchern der Umgebung verbunden. Auch deren Wurzeln umschließt sein Mycel. Darüber gibt der Pilz den Bäumen Wasser und Mineralien. Im Gegenzug bekommt er einen Teil ihrer zuckerhaltigen Nährstoffe, die sie mittels Photosynthese aufgebaut haben. Der Fichtenspargel trägt nichts dazu bei. Er ernährt sich über den Pilz von der Photosynthese des Baumes. Er gilt als Parasit. Aber immerhin ist er ein bescheidener Mitesser.

näher als den Pflanzen, ihr Zweig hat sich jedoch schon vor einer Milliarde Jahren abgespalten und ist seinen eigenen Weg gegangen. Möglicherweise waren Pilze bereits vor den Pflanzen an Land. Und nicht nur das: Es gibt Hinweise, dass sie den Landgang der Pflanzen erst möglich gemacht haben, weil sie eine Symbiose mit ihnen eingegangen sind.

Die Rolle der Pilze im Wald kann gar nicht hoch genug eingeschätzt werden. Sie nehmen Schlüsselpositionen im Beziehungsgeflecht eines Waldes ein, sei es als große Aufräumer oder Partner der Pflanzen. Ohne Pilze läuft nichts im Wald. Es gibt eine unglaubliche Vielfalt von ihnen: 14.400 Arten sind für Deutschland beschrieben.

Zuerst hätten wir da ihre Funktion als Zersetzer. Pilze sind in der Lage, praktisch alle organischen Substanzen in einfache Bausteine zu zerlegen. Da gibt es die Arten, die sich auf Cellulose und Hemicellulose, ganz bestimmte Bestandteile des Holzes, spezialisiert haben. Der Schwefelporling ist ein bekannter Vertreter. Es gibt aber eine ganze Reihe, die gerade auch Nadelbäumen zusetzen. Sie verursachen dadurch die Braunfäule, die so heißt, weil das dunklere Lignin im verrotteten Holz übrigbleibt. Die Pilze greifen lebendes und bereits totes Holz an.

Daneben gibt es die Weißfäule. Dabei sind die Pilze in der Lage, neben der Cellulose auch das Lignin zu verdauen. Die befallene Holzmasse ist deswegen heller. Ein Verursacher der Weißfäule ist ganz gut von außen am Stamm sichtbar: der Zunderschwamm. Genau, der Pilz ist wie ein kleines Dach geformt. Früher hat man aus seinem Gewebe ein frühes Feuerzeug gemacht. Schon die Gletschermumie Ötzi hatte den Pilz zum Feuermachen dabei.

Pilze, die Weiß- oder Braunfäule verursachen, sind bei allen, die die Stämme verwerten wollen, nicht wohlgelitten. Sie schaden dem Baum – auf den ersten Blick. Langfristig betrachtet helfen sie mit, dass der Wald sich leichter verjüngen kann.

Und schließlich sind da noch die Pilze, die mit Pflanzen in Gemeinschaft leben. Mykorrhiza ist das Zauberwort. Wahrscheinlich hat diese Partnerschaft überhaupt erst das Leben außerhalb des Meeres möglich gemacht. Es gibt kaum eine höhere Pflanze, die nicht mit einem Pilz liiert ist. Das kann man ruhig wörtlich nehmen. Denn in diesem Verhältnis umspinnt der Pilz mit seinen Hyphen die feinsten Wurzeln des Baumes. Manchmal durchdringt er sie sogar. Damit hat der Baum auf einen Schlag seinen Standplatz vervielfacht. Der Pilz versorgt ihn aufs Beste mit Nährstoffen und Wasser. Das Arrangement ist eine Win-win-Situation, denn im Gegenzug versorgt der Baum den Pilz mit seiner Energie. Eine Menge davon; man schätzt, dass in einem Buchenwald ein Drittel der aus der Photosynthese kreierten Zucker an den Pilz gehen. Das ist nicht zu viel verlangt, denn im besten Fall hält der Pilz seine schützende Hand über den Baum, indem er Krankheiten abzuwehren hilft.

Viele Pflanzen haben einen bestimmten Pilz, der sich mit ihnen einlässt. Viele unserer beliebtesten Speisepilze sind darunter. So lebt der Gemeine Steinpilz gern mit Buchen oder Fichten zusammen. Der Maronen-Röhrling oder der Butterpilz neigen sogar noch eher zur Fichte. Der Violette Lacktrichterling kommt häufig in Buchenwäldern vor, die Eiche hat etwa die Eichenrotkappe oder den Purpurschwarzen Täubling als Gefährten.

Unsere unbekannten Nachbarn

Damit wäre die nicht-tierische Gemeinschaft im Wald annähernd komplett. Alle diese Organismen sind uns ans Herz gewachsen. Zumindest eine ganze Menge ihrer Vertreter … Wir nutzen sie auf vielfältige Art und Weise. Wir schmücken uns mit ihnen – siehe Blume im Knopfloch. Wir verehren sie, legen eine kulturelle Bedeutung in ihre Jahreszeitlichkeit und ihre Art zu wachsen. Der Maibaum, die »deutsche« Eiche, der Mistelzweig sind nur ein paar Beispiele. Wir drücken unsere Sympathie zu Pflanzen aus, indem wir ihnen eine Symbolik zuschreiben.

Doch trotz dieser Allgegenwärtigkeit bleiben uns selbst vertraute Geschöpfe wie Buschwindröschen oder Buche seltsam fremd. Sie sind so ganz anders als Tiere oder wir selbst. Sie haben keine zentrale Einheit, die alles steuert, wie unser Gehirn etwa. Nicht einmal ein einfaches Nervensystem, wie es auch ein Regenwurm besitzt, kennen sie. Und auch keinen Blutkreislauf. Unser Körper ist zudem von Leitungsbahnen durchzogen. Blut strömt hindurch, aber nicht nur als Vehikel für Sauerstoff und Kohlendioxid. Es ist voller chemischer Informationen und Reaktionen. Hormone schwimmen mit, Abwehrmechanismen gegen Keime, und natürlich ist unser Blutkreislauf eine sehr gute Abfallentsorgung. Pflanzen sind anders organisiert.

Kein Wunder, dass viele Menschen eine falsche Vorstellung von Pflanzen haben. Im Übrigen auch von Pilzen. Beispielsweise glauben sie, diese Lebensformen wären an ihren Wald oder einen anderen Ort gebunden. Festgewachsen, und das nicht nur im übertragenen Sinn. Da irren sie. Pflanzen und Pilze haben nur eine andere Form der Mobilität. Sie gehen nicht in unserem Sinne von A nach B, vom Wanderparkplatz zum Wirtshaus und zurück. Sie bewegen sich als Art fort, indem sie ihre Nachkommenschaft auf die Reise schicken. Wie einfallsreich sie dabei sind, haben wir im Kapitel »Lebensraum des Senkrechten« (S. 18) erfahren.

Und nicht nur hinsichtlich ihrer Wanderfreudigkeit neigen wir dazu, Pflanzen zu unterschätzen. Sie sind nicht so passive Geschöpfe, wie viele Menschen glauben. Trotz der Tatsache, dass wir von ihnen umgeben sind, bleiben Pflanzen Fremde. Wie diese Geschöpfe mit ihren tierischen Nachbarn zusammenleben, klären wir im nächsten Kapitel.

Drama und Lehrstück – von den Schauplätzen unterm Kronendach

Nun sind uns schon viele Darsteller des Waldes bekannt. Schurken gibt es in dem Stück nicht, Helden ebenso wenig. Aber dennoch haben alle Geschöpfe, vom Sauerklee bis zum Rothirsch, ihre Rolle zu spielen. Manche von ihnen sind uns präsenter, andere übersehen wir. Manche sind uns sympathisch, anderen trampeln wir, ohne es zu wissen, auf den Leibern herum. Den wenigsten Tieren und Pflanzen begegnen wir bewusst, wenn wir im Busch unterwegs sind – wie wichtig im Wald scheinbare Nebenrollen sind, fällt erst auf, wenn sie unbesetzt bleiben. Ihretwegen können Abläufe im Ökosystem eine ganz neue Richtung nehmen. Wenn ein Pilz seine Zersetzungsarbeit einstellt, fehlen Nährstoffe. Wenn eine winzig kleine Fliege Beeren nascht, fehlen Vögeln Kalorien.

Wir als Menschen, die im Wald spazieren gehen, sind in der glücklichen Lage, mitten im Geschehen sein zu dürfen. Wir sind aber ebenfalls Akteure und nicht nur begeistertes Publikum. Wir treten selbst auf die Bühne. Wenn wir eine Forststraße in den Wald legen, schaffen wir neue Lebensräume, helfen einigen Arten und legen anderen Steine in den Weg.

Deswegen ist es an der Zeit, sich die Bühne und das Spiel der Akteure einmal genauer anzuschauen. Ihr Miteinander geschieht in mehreren Ebenen. Multidimensional. Auch Zeit spielt eine wichtige Rolle im Wald, neben oben und unten, rechts und links.

Von Wölfen, Wapitis und Pappeln: Gesamtkunstwerk Nahrungsnetze

Der Mensch kann das Gesamtkunstwerk Wald bereits erfahren, wenn er in einem Moment mehr oder weniger mühelos mit der Hand durchs Laub greift und im nächsten in die Äste eines Baumes klettert. Die Ebenen stehen nicht für sich alleine da. In einem Wald ist der dauernde Austausch über alle diese Ebenen hinweg notwendig, um ihn überhaupt zu erhalten. Die Verbindungen zwischen Krone und Wurzel sind noch viel inniger als bei den Stockwerken eines Hauses.

Trophische Kaskade ist ein Begriff, der in diesem Zusammenhang immer wieder fällt. Er beschreibt, wie sich verschiedene Elemente eines Ökosystems gegenseitig beeinflussen. Wie in einer Kaskade fallen die Beziehungen in eine Richtung. Die schlichte Nahrungspyramide ist die einfachste Form: Pflanzen stehen unten, Pflanzenfresser stehen darüber und verspeisen die Pflanzen. Über den Pflanzenfressern stehen die Beutegreifer, die diejenigen fressen, die sich vegetarisch ernähren. In dieser Kaskade braucht es die Pflanzenfresser, weil Beutegreifer deren Stufe nicht einfach überschreiten und selbst den Salat verzehren können.

Das erinnert an eine Reihe von Dominosteinen, die nacheinander reagieren. In der Natur ist das Ganze jedoch oft ein Stück komplizierter. Wir blicken vielmehr auf ganze Nahrungsnetze, ein Gewirr aus Abhängigkeiten, die manchmal unerwartet miteinander verbunden sind. Auch in unserem Wald. Es ist wichtig, uns auf diese Abhängigkeiten gefasst zu machen, aufmerksam zu sein und mit dem Unvorhersehbaren zu rechnen. Sonst kann selbst eine beste Absicht katastrophale Folgen haben.

Das bekannteste Beispiel für trophische Kaskaden ist der Yellowstone Nationalpark in den USA. Kurz erzählt, geht die Geschichte so: Menschen haben Wölfe im Yellowstone-Nationalpark bereits im Jahr 1926 ausgerottet. Wie in vielen Ecken der Welt sah man die Tiere auch dort als bestenfalls lästige, meistens jedoch gefährliche Konkurrenten der menschlichen Interessen. Wegen des Verfolgungswahns und der rücksichtslosen Jagd konnten sich Wapitis, eine Art amerikanische Hirsche, prima vermehren. Die wiederum haben gerne an Zitterpappeln genagt und damit zu deren Verschwinden beigetragen. Die Bäume wuchsen jahrzehntelang schlechter.

In den 1990er Jahren setzte ein Umdenken ein, man entließ wieder Wölfe in den Park. Die Pappeln nahmen wieder zu. Die Erklärung war einleuchtend: Der Wolf fraß die Hirsche und schon gab es mehr Pappeln. Das hatte noch weitere Folgen. Weil es nun mehr Pappeln gab, hatten auch Biber wieder mehr zu fressen. Aber nicht nur die. Im Schlepptau profitierten neben den Pappeln auch andere Pflanzen und mit ihnen Insekten, Singvögel. Der Wolf galt als Segensbringer. Der Top-Prädator hatte vermeintlich alle ökologischen Fehler der Menschen repariert, indem er einfach Hirsche fraß.

Es heißt, Beutegreifer regulieren die Beute, halten sie in Schach und sorgen dafür, dass sie nicht überhandnimmt. Die Vegetarier im Tierreich sollen uns schließlich nicht die Haare vom Kopf fressen. Dieser Zusammenhang gilt als

Der Biber ist nicht nur ein fleißiger Wasserbauer. Er ist eingebunden in die gesamte Ökologie seines Lebensraums.

das Top-down-Prinzip in der Ökologie. Im Gegensatz besagt das Bottom-up-Prinzip, dass die Menge an Pflanzen die Pflanzenfresser und schließlich die Beutegreifer reguliert.

Leider ist die Natur nicht so einfach gestrickt. Man weiß nicht immer, welche Folgen ein bestimmtes Ereignis hat. Überraschend scheint es, dass nicht der Beutegreifer die Beute reguliert. Es ist eher umgekehrt: Die Beute bestimmt über den Beutegreifer. Je mehr Mäuse es gibt, desto mehr Füchse können existieren.

Natürlich hat auch der Beutegreifer eine wichtige Rolle inne. Nur ist die komplizierter als das bloße Fressen. Im Yellowstone-Park ist die Vorstellung, dass Wölfe das Ökosystem wieder auf Vordermann bringen, zwar romantisch und sympathisch. Aber in ihrer einfachen Kausalität eben doch nur eine hübsche Geschichte. Denn zum einen haben die Wölfe nicht einfach die Hirsche dezimiert. Der Grund, warum an den Bachläufen mehr Pappeln wuchsen, könnte vielmehr sein, dass diese Plätze für die weidenden Hirsche schlechter zu sichern waren. Sie mieden sie, um gerade nicht gefressen zu werden. Dadurch bekamen die Pappeln an dieser Stelle eine Verschnaufpause. Das hört sich gut und ebenfalls schlüssig an.

Aber auch das scheint nicht die finale Erklärung zu sein. Denn bei weiteren Untersuchungen hat sich gezeigt, dass Pappeln nicht überall gleich gut aufwuchsen beziehungsweise nicht einmal gleichmäßig abnahmen. Insgesamt hat die Zahl der Pappeln zwar abgenommen, was auf das Konto der Hirsche ging. Nur dort, wo Biber und ihre Dämme für Überschwemmungen gesorgt haben, wuchsen die Pappeln prinzipiell ungestörter. Die Hirsche sind nicht mehr an die Bäume herangekommen.

Doch die Zahl der Biber nimmt im ganzen Park ab. Wenn die Biber weniger Wasser stauen, kommen Hirsche wieder leichter an Pappeln und können diese anknabbern. Der Biber ist also der entscheidende Faktor, nicht der Wolf. Das lässt wenig von der Geschichte übrig, dass der Wolf das Allzweckheilmittel eines Ökosystems ist. Sieht man noch genauer hin, stellt sich heraus, dass auch der Biber nicht die einzige Ursache ist. Die Natur ist von Netzen durchzogen. Yellowstone ist ein gutes Beispiel, wie vielfältig diese Querverbindungen sind.

In die Rechnung müssten eben nicht nur Wölfe oder Biber eingehen, sondern auch Braunbären und Jäger, die Tieren im Winter nachstellen. In der kalten Jahreszeit verlassen die Wapitis den Park auf der Suche nach Nahrung. Außerhalb des Parks geraten sie ins Visier der Jäger.

Damit können auch die Jagd außerhalb des Schutzgebiets und andere Faktoren einen Einfluss darauf haben, warum in bestimmten Bereichen Pappeln zu- beziehungsweise abnehmen. Es gibt so viele mögliche Auslöser, Seitenaspekte und Abers, dass einem der Kopf raucht. Klar scheint nur, dass das Ausrotten des Wolfes in den 1920er Jahren das Ökosystem auf lange Zeit durcheinandergebracht hat.

Der Weg als Paradies und Grenzgebiet

Mit diesem Wissen um Nahrungsnetze im Hinterkopf kann man auch in unseren Wäldern nach Zusammenhängen suchen. Am besten fangen wir unten an. Der Blick der meisten Menschen, die im Wald unterwegs sind, fällt ohnehin zunächst auf den Weg vor ihnen. Ist er eben? Was ist die beste Spur?

Wer auf einem sonnigen Waldweg unterwegs ist, bemerkt sicher, dass am Wegesrand das Gras prächtig gedeiht. Weidenröschen stehen möglicherweise daneben. Neben ihnen reifen in kleinen Horsten Brombeeren zu schwarzen Delikatessen. Es summt wie verrückt. Bäume haben ihre Äste Richtung Weg gestreckt, zum Licht.

Da, wo der Pfad schmaler ist oder im Schatten der Bäume liegt, erlaubt der Wald tiefere Einblicke abseits des Weges. Einzelne Inseln von Hainsimsen sind vielleicht zu erkennen, halbhohe Buchen oder Fichten, ein Holunderbusch hält sich im Halbdunkel. Was wir dort sehen, ob am Wegesrand oder tiefer im Bestand, sind die Kraut- und die Strauchschicht. Die Krautschicht

Falter ohne Freunde

Auch dieser Nachtfalter spielt seine Rolle im Wald. Seine Raupe frisst vorzugsweise die Blätter von Eichen. Er nimmt aber auch andere. Das würde man ihm ja gönnen, aber in manchen Jahren kommt es zu Massenvermehrungen. Dementsprechend nagen viele hungrige Raupen Bäume kahl. Und nicht nur das: Die Raupen bilden Gespinste und tragen Brennhaare, die mit Widerhaken besetzt sind und ein Nesselgift enthalten. Das wiederum lässt die Tiere insbesondere in Parks an Wegrändern oder in privaten Gärten zu einer sehr unbeliebten Art werden. Denn Menschen können auf das Gift mit einer Dermatitis reagieren. Rote Quaddeln sind die Folge.

meint dabei alles, was bis ungefähr Brusthöhe gedeiht. Eine Ebene darüber beginnt die Strauchschicht. Sie reicht bis fünf Meter hinauf.

Wenn man nach Faktoren sucht, die etwas im Wald verändern – voilà, man spaziert auf einem. Ein Waldweg ist ein ziemlicher Einschnitt. Er verändert die Mengen der einzelnen Mitspieler. Er bringt Licht. Pflanzen gedeihen hier üppiger. Damit ist auch der Tisch für Insekten besser gedeckt. Von den Insekten wiederum können Spinnen, Mäuse und Vögel leben. Während man so durch den Wald spaziert, kann man sich vorstellen, was passiert, wenn man an den Stellschrauben eines Ökosystems dreht.

Nehmen wir mal den hundert Meter langen Abschnitt einer Forststraße. Er ist vier Meter breit und die Oberfläche besteht aus Schotter. Rechts und links sind jeweils zwei Meter Platz, bis die ersten Bäume wachsen. Wir sehen hier einen Lebensraum mit eigenen Gesetzen. Der Weg ist zum Beispiel ein 400 Quadratmeter großes Hindernis für viele Tiere. Schnecken und wandernde Insekten gehen ein Risiko ein, wenn sie von einer Seite auf die andere wollen. Die Physik und Chemie sind anders als ein paar Meter drin im Bestand. Wasser fließt vom Weg in die Ränder und mit ihm gelöster Kalk.

Auch wir Menschen schätzen diesen Weg. Er ist bequem und gut genutzt. Hunde setzen ihren Kot am Rand ab, der ein oder andere Mensch erleichtert sich ebenfalls. Das ist eine unerwartete Nährstoffdusche für den Lebensraum. Der Weg verändert also die Ausgangsbedingungen in diesem Stück Wald. Nicht unbedingt zum Schlechteren. Wasser, Licht, mehr Nährstoffe – beste Bedingungen für viele Pflanzen. Neben der Schotterfläche bietet der Abschnitt noch 400 Meter mit dichtem Pflanzenbewuchs aus Gräsern und Kräutern. Darunter sind häufige Arten wie die Pestwurz, aber auch seltene wie die Trollblume. Die Pflanzen locken Tiere an. Und die wiederum Tiere, die sich von Tieren ernähren, die Pflanzen fressen. Siehe trophische Kaskade: Unser Weg schafft eine eigene Nahrungspyramide.

Da kommt einiges zusammen. In einer Untersuchung in Österreich fand man 172 Arten entlang unbefestigter Straßen im Wald und auf ihnen drauf. Gerade Arten, die es gern warm haben, fühlen sich da wohl. Bestimmte Arten wie der C-Falter wurden viermal so häufig beobachtet wie im Wald drum herum. Spezialisten wie die Blauflügelige Ödlandschrecke entdeckten sie sogar nur dort und gar nicht erst im Wald.

Mit Waldwegen haben Menschen einen künstlichen Lebensraum mit eigenen Bedingungen geschaffen. Einen Ort, der mehr Artenvielfalt haben kann als der umliegende Wald. Spannend wird es, wenn man die Faktoren verändert, zum Beispiel den Weg zurückbaut, sodass Bäume ihren Schatten wieder über den Weg legen. Es wird kühler, und aus der Wärmeinsel wird etwas, das mehr Eigenschaften eines geschlossenen Waldes hat. Viele Arten werden womöglich verschwinden. Ähnlich ergeht es auch einem Forstweg, wenn beispielsweise Asphalt drüberliegt oder der Rand regelmäßig von Pflanzen frei gehalten wird. Das Gefüge verschiebt sich. Und zwar langfristig.

Waldwege zeigen die Krux in der Diskussion um Artenvielfalt. Grundsätzlich sind natürliche, sich selbst gestaltende Ökosysteme wünschenswert. Jeder Quadratmeter ist es wert, erhalten zu werden. Dennoch kann auch eine vom Menschen veränderte Landschaft reich an Arten sein. Die Kulturlandschaft in den Alpen ist ein weiteres Beispiel: Die Almwirtschaft hat den Wald zurückgedrängt und viele neue Lebensräume geschaffen. Mit der Aufgabe von Almen holt sich der Wald viele dieser Wiesen-Biotope zurück. Salopp gesagt: Punktsieg für die Natur, Patt für den Naturschutz.

Welche Auswirkungen menschliche Eingriffe ins Ökosystem haben, zeigt auch der Fichtenkreuzschnabel. Nimmt die Fläche der Nadelwälder ab, was allgemein gewollt ist, schrumpft auch sein möglicher Lebensraum, denn er ist Spezialist für das Knacken von Nadelbaumsamen. Lange Zeit hat er vom Menschen und seiner Bevorzugung von Fichten profitiert, auch wenn das alles andere als naturgegeben war.

Eine kleine Fliege als Gestalterin

In der Kraut- und Strauchschicht spielt sich ein Großteil des Lebens ab, das wir leicht beobachten können. Auch jenseits der Wege, denn in einem Wald gibt es Flächen, in denen viel Licht bis auf den Boden gelangt. Hier sprießen Gräser und junge Bäume und schließen die Lücke in den Kronen innerhalb von Jahren. Dennoch nehmen wir sie neben den eigentlichen Charakterarten eines Waldes wie Buche, Eiche, Fichte oder Tanne eher als randständig wahr. Dabei bieten einige Vertreter in diesem Stockwerk üppig Nahrung feil. Hier gibt es Brombeeren, Heidelbeeren oder die Beeren der Eberesche.

In der Obstabteilung des Waldes findet sich ein Beispiel, wie ein kleiner Mitspieler, eine scheinbar harmlose Veränderung der Faktoren, das Ökosystem beeinflusst. In diesem Fall ist der Faktor nur ein wenig mehr als zwei Millimeter groß: eine Verwandte der Gemeinen Fruchtfliege. Genau, jener Art, die gerne mal in der Küche auf die Nerven geht. Die Kirschessigfliege stammt ursprünglich aus Südostasien. Seit 2008 treibt sie sich auch in Europa herum. Doch während unsere vertraute Fruchtfliege sich an Biotonne und Obstschale vergreift, hat es die Kirschessigfliege auf Beeren aller Art abgesehen.

Das hört sich erst einmal nicht nach einem Problem an. Auch bei uns gibt es verschiedene Fruchtfliegenarten. Doch denen fehlt eine wichtige Fähigkeit: Sie können in der Regel keine unbeschadeten Früchte anknabbern. Die Kirschessigfliege hingegen hat ein kräftigeres Mundwerkzeug. Mittlerweile richtet sie im Obstbau empfindliche Schäden an. Die kleinen Fliegen beißen ein Löchlein in die Früchte und legen ein Ei hinein.

Daraus schlüpft eine Made, die sich vom gammelnden Fruchtfleisch ernährt. Als wäre das nicht schon genug, nisten in diesen Wunden Pilze und Bakterien. Die Frucht verdirbt noch am Stängel, sie ist auf eine gewisse Art verloren. Immerhin profitiert die Fliege davon. Aber das nervt nicht nur Heidelbeerbauern und Winzer; die Kirschessigfliege hat das Zeug, auch die Verhältnisse im Wald zu verschieben.

In einer Studie des Ökobüros Biotopia kam heraus, dass von 39 Pflanzenarten, die Beeren produzieren, 31 ins Spektrum der kleinen Fliege fielen.

Bekannte unbekannte Frucht

Die Batologie ist eine recht unbekannte Wissenschaft. Sie befasst sich mit der Brombeere. Dabei gibt es die *eine* Brombeere gar nicht. In Europa finden sich 2000 Arten, in Deutschland allein 400. Mindestens. Möglich ist, dass am Anfang einer Lichtung die eine Art wächst, am Ende der Lichtung eine andere. Und wieder eine andere 100 Meter weiter. Brombeeren sind nicht nur lecker, ihre Anpassungsfähigkeit und ihr Pioniergeist sind legendär. Sie nutzen jede Gelegenheit, um Fuß zu fassen. So können sie aus ihren Ranken Wurzeln schieben und damit Klone von sich wachsen lassen. Außerdem nutzen sie Vögel, Säuger und den Menschen zur Verbreitung. Denn sie alle haben die Beeren gern.

Weniger befallen sind etwa Vogelbeeren, wohl weil ihre Schalen etwas kräftiger sind. Gerade aber Arten, die uns sehr gut schmecken, wie Brombeeren, Heidelbeeren, Himbeeren oder Holunderbeeren, hat die Kirschessigfliege im Visier. Zwischen 50 und 80 Prozent der Früchte waren der Studie zufolge befallen. Weil die Entwicklungszyklen bei der Kirschessigfliege so kurz sind, wimmelt es bald von ihnen. Ein Weibchen kann mehr als 300 Eier legen. Bereits nach zehn bis zwölf Tagen ist die nächste Generation am Start.

Das trifft nicht nur alle, die Brombeer-Marmelade machen möchten. Ein Nachsehen haben auch Singvögel, die im Spätsommer auf die energiereichen Früchte setzen, um Kraft für den Winter zu tanken. Sie finden die befallenen Beeren weniger appetitlich und lassen sie links liegen. Das ist verständlich. Damit fehlt ihnen jedoch eine wichtige Energiequelle. Aber mehr noch: Da Vögel über die gefressenen Früchte auch die Samen der Pflanzen verbreiten, sinkt die Wahrscheinlichkeit, dass anderswo ein neuer Holunderbusch oder eine Brombeere gedeiht. Das mag nicht dramatisch klingen. Doch welche langfristigen Folgen die Kirschessigfliege im Wald haben kann, ist noch nicht untersucht.

Behausung für viele: Die Spechthöhle

Wenden wir den Blick von den Brombeeren ab und legen den Kopf in den Nacken, schauen wir auf die Stämme der Bäume. Praktischerweise nennt man die Zone oberhalb von fünf Metern Baumschicht. Um hier zu leben, braucht es schon etwas mehr Fähigkeiten. Tiere und auch Pflanzen müssen klettern oder fliegen können.

Stamm ist nicht gleich Stamm. Baumarten haben charakteristische Rinden, die einen großen Einfluss auf das Leben haben können. Eichen haben eine Rinde, die aus der Nähe ausschaut wie ein wildes Gebirge. Nicht ganz so wild, aber dennoch sehr uneben zeigen sich die Rinden von Bergahorn, Esche oder Sommerlinde. Birken tragen eine weiße Rinde um sich. Die Buche ist ebenso leicht zu erkennen; ihre Rinde ist grau mit einem Stich ins Grüne. Sie ist glatt. Der Stamm hat etwas von einer gewachsenen Säule.

In diesem Bereich des Waldes kommt es vor allem darauf an, nicht herunterzufallen. Wer hier sein Lager errichten will, braucht eine Gabelung der Äste oder eine Höhle. Und wer zählt zu den ultimativen Holzarbeitern? Spechte. Unermüdlich hacken sie an Stämmen, Ästen und Rinde herum. Immer auf der Suche nach Nahrung unter den Rinden oder beim Ausbau ihrer Behausungen. Sie sind aber nicht nur für sich aktiv. Ihre verlassenen Höhlen sind begehrte Plätze für alle möglichen Arten. Manche Tiere sind unbedingt auf solche Höhlen angewiesen.

Dem Schwarzspecht gebührt als Wohnraumbeschaffer eine besondere Rolle. Er ist der größte Specht in Deutschland und eine imposante Erscheinung. Immerhin wird er so groß wie eine Krähe. Seine Höhlen sind durchaus geräumig. Bis zu 60 Zentimetern können sie tief sein und gute 25 Zentimeter breit. Eine echte Kopfarbeit, denn der Specht muss locker aus einer Buche 10.000 Späne herausmeißeln. Im Schnitt braucht es dabei 17 Hiebe, um einen Span zu lösen.

Gut alle fünf Jahre bauen Schwarzspechte ein neues Heim und ziehen um. Dann können die Nachmieter kommen. Mehr als 50 Tierarten nehmen ihre Höhlen gern als Brut- und Schlafplätze. Manche von ihnen überwintern darin oder lagern Futter. Schätzungsweise sind die Höhlen der Spechte für die Hälfte aller Waldvogelarten überlebenswichtig. Zum Beispiel brüten darin Hohltauben, Raufußkäuze, Dohlen oder Kleiber.

Es ist sogar möglich, dass mehrere Spezies in verschiedenen Höhlen an ein und demselben Baum leben. Auch Baummarder, Eichhörnchen, Siebenschläfer und verschiedene Fledermäuse nutzen die Unterkünfte gern. Zudem gedeihen im Mulm am Grund alter Höhlen Insekten. Hier leben etwa Hummeln, oder Larven von Rosenkäfern wachsen heran. Eine vertikale Wohngemeinschaft entsteht.

Wer also einen Specht an einem Stamm sieht oder ihn auch nur klopfen hört, bekommt einen Hinweis: Um das Ökosystem Wald ist es vor Ort nicht schlecht bestellt. Spechte sind fliegende Hinweisgeber oder Bioindikatoren. Der Schwarzspecht ist lediglich der imposanteste von ihnen. Andersherum funktioniert das natürlich genauso. Gibt es keine Spechthöhlen, fehlen Lebensräume für andere Arten.

Spechte sind nicht die einzigen Bioindikatoren. Das können andere Tiere und auch Pflanzen genauso sein. Dort, wo sie leben, passen die Bedingungen. Ähnlich wie bei den Pflanzen: Wenn sie mit ihren Vorlieben an einer bestimmten Stelle wachsen, ist es sehr wahrscheinlich, dass diese Bedingungen dort herrschen.

Zudem ist das modernde Holz wichtig für den Wasserhaushalt im Wald. Wie ein Schwamm speichert es Feuchtigkeit. Auf diese Weise hilft der tote Baum den Lebenden sogar in Trockenzeiten. In den letzten Jahren hat der Anteil an Totholz zugenommen. Durchschnittlich liegen und stehen in den Wäldern 20,6 Kubikmeter Totholz pro Hektar, das sind 224 Millionen Kubikmeter im ganzen Land. 49 Prozent davon ist liegendes Totholz, 23 Prozent ist stehendes Totholz und 28 Prozent sind Wurzelstöcke. Der Bundeswaldinventur von 2012 zufolge waren das 18 Prozent mehr als zehn Jahre zuvor.

Eine Art eignet sich umso besser als Bioindikator, je enger sie an Bedingungen ihres Lebensraums gebunden ist. Je anspruchsvoller, desto eindeutiger. Vögel eignen sich gut als Bioindikator. Wenn man ihre Vorkommen über viele Jahre beobachtet, spiegeln sie sogar die Veränderungen eines Lebensraumes sehr gut.

Laut Vogelschutzbericht aus dem Jahr 2019 des Bundesamtes für Naturschutz sollten wir uns um die Vielfalt unserer heimischen Vögel nicht erst heute Sorgen machen, ebenso wie um den Zustand der Insektenwelt, der Wildblumen etc. Wir haben einige Baustellen. Der Vogelschutzbericht verweist nicht nur auf die dramatische Lage bei früheren Allerweltsarten in der offenen Kulturlandschaft; danach sind die Bestände von Rebhühnern oder Kiebitzen in den letzten Jahrzehnten um 90 Prozent eingebrochen. Viele Vögel sind mittlerweile so selten, dass niemand sie mehr kennt beziehungsweise erkennt. Und sie dementsprechend auch nicht vermisst.

Im Wald sieht es besser aus. 69 Arten waren im Fokus des Berichts, davon 30 mit einer engen Bindung an den Wald. Im Vergleich zu 1980 sind demnach

Alles außer tot

Der Begriff Totholz ist irreführend. Totholz steckt voller Leben. So fühlen sich hier allein hunderte xylobionte, das heißt holzbewohnende Käferarten wohl. Sie durchziehen das alte Holz und helfen, es wieder allem Irdischen zuzuführen. Und nicht nur das: Mehr als 1300 Käferarten sind irgendwie von totem Holz abhängig. Sie leben etwa in den Fruchtkörpern von Pilzen wie dem Zunderschwamm oder im Mulm von Baumhöhlen. So ein Stamm kann dabei stehend oder liegend Jahrzehnte überdauern. Buchen verrotten in gut 20 bis 25 Jahren, Tannen überdauern schon mal 80 Jahre.

Selbst tote Bäume stecken voller Leben. Höhlenbrüter wie der Mittelspecht sind auf Stämme jenseits ihres Holzwerts angewiesen.

die Bestände von 41 Arten stabil geblieben, 8 haben abgenommen, bei zweien weiß man es nicht und 18 Arten haben zugenommen. Das hört sich gut an. Schaut man genauer hin, haben Arten zugenommen, die in Höhlen brüten oder in Wäldern leben, die viel Totholz bieten. Das ist erfreulich und zeigt auch, wie Forstverwaltungen allein durch das Zulassen abgestorbener Bäume etwas für Biodiversität tun. Aktives Nichtstun schafft im Wald Lebensräume.

Auf der anderen Seite haben Arten abgenommen, die in lichten Wäldern vorkommen, die Bodenbrüter sind oder sich überwiegend von Insekten und anderen Gliedertieren ernähren. Auch hier deuten sich unerwartete Zusammenhänge an. Gibt es beispielsweise in einem Wald sehr viele Rehe, Rotwild und Wildschweine, steigt die Wahrscheinlichkeit, dass Nester von Bodenbrütern Schaden nehmen.

Aber noch einmal zurück zu unserem Schwarzspecht und seinen Tänzen am Stamm. Er taugt auch aus einem anderen Grund als eine Art Frühwarnsystem für den Wald. Lange war unklar, was zuerst da ist: der Baum, der in seinem Inneren schon kaputt ist, oder der Specht, der durch seine Kopfarbeit den Baum verletzt und damit das Siechtum in Gang setzt. In uralten Forstlehrbüchern haben Spechte deswegen schon mal das Prädikat »schädlich«.

Nun, es ist beides richtig. Forscher der Hochschule Weihenstephan-Triesdorf haben dazu Buchen mit Hilfe eines Dichtemessers untersucht. Und zwar genau solche Bäume, an die der Specht bereits seinen Schnabel gelegt hat und die den Ansatz einer Höhle hatten. Dabei kam heraus, dass 94 Prozent der angezimmerten Bäume tief im Holz bereits Schäden hatten. Nur bei 20 Prozent der Referenzbäume war das auch so. Das bedeutet, dass die Spechte mürbes Holz erspüren, selbst wenn von außen noch lange nichts zu sehen ist. Vielleicht hört es sich anders an, wenn man mit dem Schnabel dagegen hämmert. Fällt einmal so ein Baum, zeigt sich, dass die Höhle dort beginnt, wo die Schicht zwischen morschem Holz und Oberfläche am dünnsten ist.

Sind die Spechte einmal dabei, tragen sie nicht unbedingt zur Gesundung des Baumes bei. Dennoch kann ein Baum noch jahrzehntelang mit einer Spechthöhle leben. Der Specht hat hohe Ansprüche an die Ordnung in seiner Höhle. Wird es ihm zu bunt, gibt er sie auf. Doch ungenutzt bleibt die Behausung natürlich nicht, wie wir gesehen haben. Vielleicht übernimmt ein Kleiber oder Fledermäuse. Das Holz im Inneren der Höhle zerfällt weiter. Zusammen mit Kotresten, altem Nistmaterial oder Federn bildet sich ein Mulm. Hier findet sich mit ganz viel Glück beispielsweise der Knochen-Glanzkäfer. Damit er in eine alte Spechthöhle einzieht, braucht er als Vormieter andere; Hohltaube, Waldkauz und Fledermäuse oder Siebenschläfer sollten die Spechthöhle sozusagen vorbereitet haben, denn der Käfer hat sich auf ihren Müll spezialisiert. Er braucht den Mix aus alten Knochen, Federn und Fell.

Noch ein Detail für den Artenschutz blinkt hervor, wenn die Rede auf Arten wie den Knochen-Glanzkäfer kommt. Damit viele solcher seltener Käfer, aber auch Fledermäuse und Vögel überleben, müssen ausreichend alte und sogar nicht mehr lebende Bäume im Wald stehen. Sie dürfen auch nicht zu weit auseinanderstehen, denn der Knochen-Glanzkäfer fliegt höchstens 500 Meter, um zu einem neuen Brutplatz zu gelangen.

Das bedeutet: Ein Specht kann nur dort Höhlen bauen, wo der Mensch erlaubt, dass mehrere Bäume alt genug werden dürfen. Es ist mehr als eine akademische Frage, wie viele Bäume das sein müssen. Da prallen Bedürfnisse der Natur auf Interessen der Menschen, die mit dem Wald Geld verdienen wollen und müssen.

Eine Spechthöhle an einem Baum auszumachen, ist so schwer nicht. Das Lesen am stehenden Baum lässt sich aber noch vertiefen. Mit ein wenig Übung erkennt man sogar selbst im Vorübergehen am Stamm, welche Geschichten der Baum erlebt hat. Wer hundert und mehr Jahre alt wird, könnte einiges erzählen. Ein solcher Baum trägt Narben davon. Manche verdecken die alte Verletzung nur notdürftig, während sie im Inneren weiter schwärt. Bäume tragen ihre Personal- und manchmal ihre Krankenakte gut sichtbar an ihrer Rinde.

An Buchen lassen sich besonders gut Schäden an der Rinde erkennen. Diese Bäume vertragen das nicht gut. Sie bekommen Sonnenbrand. Ihre Rinde heizt sich mitunter auf mehr als 45 Grad auf, platzt auf und bildet Risse. Am Stamm hängen schließlich Placken alter Rinde. Wer das sieht, weiß, dass hier die Zeit eines Baumes abläuft, denn die Wunde ist eine Einladung für Pilze und Insekten. Sie stürzen sich darauf wie ein Rudel Löwen auf eine humpelnde Gazelle.

Käfer räumen auf

Am Stamm lassen sich auch Spuren anderer Widersacher der Bäume finden. Wer genau hinschaut, der sieht, wenn bestimmte Käfer an Bäumen aktiv sind. Gerade an Fichten haben es die Borkenkäfer in den vergangenen Jahren zu einer gewissen Berühmtheit gebracht. Bevor die Nadeln braun werden und der Baum stirbt, erscheinen am Stamm braune Streifen feinen Bohrmehls. Vor allem in Ritzen oder in Spinnweben sammelt sich der Auswurf eines Borkenkäfers.

Gerade die letzten Jahre waren es nicht einzelne Bäume, die vom Käfer zerfressen wurden. Es waren ganze Wälder, ganze Waldlandschaften. Die Borkenkäfer können bei guten Bedingungen bis zu drei Generationen im Jahr hervorbringen. Ein Weibchen schiebt eine Nachkommenschaft von 200.000 neuen Käfern an. Der Käfer hat in so einem Jahr kurzfristig Erfolg. Langfristig geht ihm aber sein Lebensraum verloren. Alles eine Frage der Perspektive und des Zeitfensters.

Die Bäume sind dem Käfer nicht ganz schutzlos ausgeliefert. Ein gesunder Baum spürt, wenn ein Käfer sich in seine Rinde bohrt, wobei spüren eher im übertragenen Sinn gemeint ist. Chemische Signale in der Pflanze lösen im besten Fall einen Tropfen Harz aus und der vorwitzige Käfer ist erledigt. Je tiefer man sich diese Mechanismen anschaut, desto fantastischer wird das Bild. So greift ein Buchdrucker in der Regel einen Baum nicht allein an. Die einzelnen Käfer geben Hormone ab. Ein Geruch, der wie eine Trompete wirkt und andere Buchdrucker zu einem Baum ruft.

Die Käfer haben noch weitere Verbündete. Sie gedeihen nur erfolgreich, wenn ihnen bestimmte Pilze Gesellschaft leisten. Bevor sie einen Baum befallen, brauchen sie diese Pilze. Der Trick der Pilze ist nun, dass sie Harzbestandteile verdauen können und dabei bestimmte Chemikalien absondern. Das ist wieder so eine geruchliche Trompete, denn sie verrät dem Buchdrucker, dass sich hier ein geeigneter Partner und ein geeigneter Brutplatz befindet. Der Pilz hilft dem Buchdrucker bei der Verbreitung, indem er den Wirtsbaum schneller abtötet.

Indem Waldbesitzer und Forstverwaltungen diese chemischen Signale nachahmen, versuchen sie, die Käfer abzuschöpfen. Sie unterbrechen den natürlichen Lauf der Dinge. Das gelingt nicht hundertprozentig. Nahezu unmöglich ist es, wenn bei einer Massenvermehrung Milliarden Käfer unterwegs sind.

Wesen, nicht von dieser Welt Neben Pflanzen, Tieren und Pilzen gibt es eine weitere Gruppe Lebewesen in unseren Wäldern: die Schleimpilze. Sie sind die ungewöhnlichsten Geschöpfe: Sie zeigen Eigenschaften von Tieren wie auch von Pilzen. Sie leben auf vor sich hin rottendem Holz genauso wie auf altem Kot. In manchen Stadien ihres Lebens sind sie wie Amöben, dann wie wuchernde Flechten. Und schließlich bilden sie mitunter Fruchtkörper aus.

Die Borkenkäfer sind nur eine Gruppe der sogenannten Forstschädlinge. Damit übertragen wir den Tierchen die Rolle des Schurken. Doch sind sie genau genommen lediglich Regler eines ressourcengerechten Pflanzenwachstums. Das heißt, sie erledigen nur ihren Job im Ökosystem, genauso wie die Roten Waldameisen oder die Schwarzspechte. Buchdrucker und Kupferstecher erneuern den Wald. Sie können nur die Bäume erfolgreich besiedeln, die geschwächt sind. Damit schaffen sie Platz für die nächste Waldgeneration. Im Fall der dahingerafften Fichten wird das besonders deutlich. Die Bäume waren kränklich, sie litten unter Hitze und Trockenheit in Folge des voranschreitenden Klimawandels. Einen Vorwurf kann man ihnen nicht machen. Deshalb sollte auch lieber keine an Kriege angelehnte Sprache zum Einsatz kommen. Es braucht keine Feldzüge gegen den Borkenkäfer. Und es ist auch keine Schlacht verloren, wenn ein Fichtenwald braun ist. Der Käfer räumt nur auf. Dann entsteht Neues.

Wo der sterbende Baum eine Lücke hinterlässt, kann Licht an den Boden, können andere Arten diese Lücke füllen. Selbst wenn ganze Wälder ausfallen, ist das zunächst nur ein Problem für uns. In der Natur findet sich Wald schon wieder ein. Das dauert allerdings, womit wir bei der wichtigen Dimension der Zeit angekommen sind. Die Zeit trägt viel dazu bei, dass sich die verschiedenen Akteure in einem Wald aufeinander einstellen, eine Art feine Balance des Auf- und Abbaus entsteht.

In einem natürlichen Spiel der Kräfte schließen Pflanzen selbst große Lücken, die von Käfern stammen. Falls der Mensch nicht eingreift, stellen sich auf der freien Fläche sehr wahrscheinlich Pionierbaumarten ein. Gäbe es den Klimawandel nicht, prägten mit sehr großer Wahrscheinlichkeit Buchen den neuen Wald. Zuerst wachsen ein paar Gräser. Nach zwei, drei Jahren breiten sich Brombeeren aus. Die Flächen versinken im Gestrüpp. Einzelne Büsche schaffen es, sich zu behaupten. Weißdorn etwa oder Schlehen, Hartriegel und Haselnussbüsche. Die Fläche zittert vor Leben, die Artenvielfalt ist sehr groß. Dann, nach spätestens zehn Jahren, übernehmen erste Bäume die Fläche. Sie wachsen dem Gras davon und nehmen einen Teil des Lichtes. Das kann ein paar Jahrzehnte dauern und hängt davon ab, wie groß die Flächen sind und ob es intakte Wälder in der Nachbarschaft gibt.

Im Gefolge von Buchen könnten natürlich auch Eichen oder Bergahorn oder Weißtannen wachsen. Das hängt vom Untergrund, von den Ausgangsbedingungen ab. Mitunter kommt es sogar vor, dass Fichten selbst schon wieder vergleichsweise schnell da sind. Ihre Samen und Keimlinge haben den Zusammenbruch überlebt. Gerade auf sehr großen Flächen, die ihrer schützenden Bäume beraubt wurden, kann das gut sein. Auch in den Bergen haben womöglich Fichten die besseren Karten.

Den genannten Baumarten ist gemein, dass sie als junge Bäume mit weniger Licht auskommen. Dann schließen sie die Lücken und teilen sich das Licht im oberen Stockwerk. 100 Jahre sind dafür eine gute Faustzahl. Aber die Geschichte des Waldes geht noch weiter. Denn nun nehmen die Bäume an Masse zu, verändern den Wald in seiner Gänze. Jahrhunderte gehen ins Land, bis ein Wald zu seiner ganzen Pracht zurückgefunden hat.

Eine Buche erreicht von Natur aus 300 Jahre mindestens, Tannen 600 und Eichen locker 1000. Eine Baumgeneration! Erst der Wechsel in einem geschlossenen Wald macht ihn komplett. Für Wald ist Geduld notwendig. 1000 Jahre sind nicht viel.

Das ist für uns Menschen schwer zu verstehen und noch schwerer zu ertragen, zumal wenn unsere Existenz ganz oder auch nur zum Teil daran hängt, wie es um den Wald beschaffen ist. Das macht die Abläufe im Wald so fremd; sie bewegen sich abseits unseres Alltags.

Leben in den Kronen

Wenn unser Blick nun die Stämme hochwandert und die Wälder aus unserem Gesichtsfeld rausgewachsen sind, müssen wir uns schon anstrengen, um noch etwas zu entdecken. Die Krone ist der Lebensraum, der für uns Menschen am schlechtesten zu besuchen ist. Selbst mit einer Kletterausrüstung sind wir einfach nicht geschaffen für den Tanz im obersten Stockwerk.

Die Stämme tragen die Kronen der Bäume. Der Vergleich zu einer Kathedrale drängt sich geradezu auf. Die Krone ist dem Himmel am nächsten. Hier oben herrschen gänzlich andere Verhältnisse als unten. In der Krone gibt es mehr Wind, mehr Wärme und ein großzügiges Angebot an Sonnenlicht. Zumindest im Sommer. In der kalten Jahreszeit fehlt der Schutz. Und nicht nur das: In den Kronen ist der Wechsel selbst über einen einzigen Tag enorm. Gleichzeitig bewahren die Kronen das Leben darunter vor starken Schwankungen.

Hier oben im Kronenraum ist das Reich der Vögel. Wir finden sowohl ganz große und ganz kleine Vertreter. Da wäre zum einen das Wintergoldhähnchen. Mit dem Gewicht von zwei Stück Würfelzucker ist es der kleinste Singvogel Europas. Unablässig pflückt es kleine Insekten von der Rinde, Blättern und Nadeln.

Der Schwarzstorch dürfte demgegenüber mit gut einem Meter nicht zu übersehen sein. Doch er macht sich rar und hasst Störungen. Am liebsten sind ihm große alte Wälder. Hier kann er in den Baumkronen seinen Horst bauen. In diesem Sinn ist auch er ein Indikator; wenn es dem Schwarzstorch ruhig genug zum Brüten ist, steht es gut um den Wald.

Doch das ist nicht alles. In den Kronen leben viele Gliedertiere, von denen wir unten kaum etwas mitbekommen. Ihre Vielfalt steht der am Boden in nichts nach. Auch sie sind ein Weiser, wie es um den Wald beschaffen ist.

Wieder ist es der übliche Mix. Der Baum fängt Licht ein, einige Insekten fressen Blätter und Knospen, andere Insekten und Spinnen fressen die Vegetarier. Und Vögel fressen beide. In dem Spiel mischen sogar die Bäume selbst mit. Wenn man sie vermenschlichen wollte, könnte man sagen: Bäume rufen um Hilfe, wenn sie angeknabbert werden. Nüchterner formuliert kommunizieren auch Bäume. Nur eben durch Geruch. Jede Baumart hat ihren eigenen chemischen Fingerabdruck. Den erkennen Pflanzenfresser sehr genau und peilen den Baum an. Sobald sie aber zu nagen beginnen, produzieren die Bäume Abwehrstoffe. Wie das Harz aus dem Fichtenbeispiel oben. Zudem sondern sie andere Stoffe ab, die wiederum Vögel und räuberische Insekten anlocken. Nach dem Motto: Der Feind meines Feindes ist mein Freund. Schade, dass wir diesem Schauplatz so fern sind.

Boden ist das Fundament, auf dem Wald ruht

Am Schluss der Stockwerke ist es wichtig, noch einmal nach ganz unten zu blicken. Wenn man sich bückt oder auf die Knie geht, ist man schnell in der Moosschicht. Sie ist nur eine Handspanne hoch, aber ebenso von Leben angefüllt wie die darüberliegenden Stockwerke. Man muss allerdings schon etwas genauer hinschauen.

Die Moosschicht ist geprägt von der Streu, dem Abfall der Waldgesellschaft. Von Blättern oder Nadeln, von kleinen Zweigen, Schalen von Samen und tierischen Überresten. Allein, was sich an Organen zur Photosynthese ansammelt, ist atemberaubend. 200.000 Blätter fallen im Herbst von einer einzigen Rotbuche. In einem Wald kommen so Ende des Sommers leicht ein paar hundert Millionen Blätter oder tausende Tonnen Laub zusammen.

Zum Glück gibt es ein ganzes Heer von Recycling-Spezialisten, die sich dieses Problems annehmen; andernfalls würden wir schnell den Wald vor lauter Laub nicht mehr erkennen können. Verschiedene Tiere arbeiten hier

Auf leisen Pfoten

Nein, sie ist nicht die Urmutter unserer Hauskatzen. Das ist eine afrikanische Verwandte von ihr. Unsere heimische Wild- oder auch Waldkatze lässt sich nicht zähmen. Als ihre Heimat nimmt sie vorzugsweise Laub- und Mischwälder. Sie fühlt sich dort am wohlsten, wo sie ungestört ist und uns nicht über den Weg laufen muss. In vielen Waldgebieten Deutschlands haben sich Wildkatzen gehalten und breiten sich sogar aus. Etwa in der Eifel, im Harz, im Bayerischen Wald und in der Lüneburger Heide. Probleme bereitet der Art immer noch der fehlende Austausch der Populationen, mitunter die Vermischung mit Hauskatzen und der Straßenverkehr. Wildniskorridore, die Wälder vernetzen, könnten ihr helfen.

kaskadenartig zusammen. Sie zerkleinern die Blätter zu immer übersichtlicheren Partikeln. Natürlich ist Laub nicht gleich Laub. Das Zersetzen von Ahornblättern ist leichter als das von Buchenblättern, denn sie sind leichter verdaulich.

Besonders mühsam ist der Job für die Zersetzer, wenn sie sich um Nadeln von Fichten, Kiefern oder Tannen kümmern müssen. Kein Wunder, dass es in manchen Nadelwäldern gewaltige Schichten aus langsam verrottenden Nadeln früherer Jahre gibt.

Die Moosschicht hat noch mehr zu bieten als die Müllkippe des Waldes. Hier gedeihen auch niedrige Pflanzen wie der Sauerklee oder Farne. Knapp über dem Boden herrscht ein eigenes Klima. Im Schatten ist es kühler, feuchter, der Wind bremst an vielen winzigen Hindernissen. Durch das Gewirr streifen Insekten. Ein nicht unerheblicher Teil der Menschen mag hier nur Dreck sehen, oder sie begegnen der Unterwelt ganz mit Missachtung. Für andere ist es der interessanteste Teil in einem Wald. Das sei dahingestellt. Sicher ist aber, dass er für die Artenvielfalt und auch für den Klimaschutz eine wichtige Rolle innehat.

Der Boden ist das Fundament, auf dem Wald ruht. Er ist ein Teil der Bühne mit ganz eigenen Gesetzen. Der Raum erscheint uns kompakt. Doch in Wahrheit ist er ein Reich voller Höhlen, kleinster Risse und Spalten, durchzogen von Gängen, Wurzeln, Kanälen. Betrachtet man den Untergrund mit den Sinnen eines Springschwanzes, ist er ein Universum. Boden bietet aufgrund seiner Struktur eine riesige Oberfläche; allein ein Kubikzentimeter bringt es auf 100 Quadratmeter. Da bieten sich dem Leben viele Möglichkeiten. Kein Wunder, dass sich unter einem Quadratmeter Erdoberfläche eine Million Fadenwürmer, 70.000 Milben, 100 Tausendfüßer, 10^{14} Bakterien und 10^{11} Pilze umhertreiben. In jeder Handvoll Boden leben mehr Lebewesen als Menschen auf der ganzen Erde. Boden ist kein Dreck, er ist ein Universum unter unseren Füßen.

Wie die Arten an der Oberfläche wollen auch die Untergrundwesen überleben. Die Rollenbeschreibungen sind ganz ähnlich wie im Licht. Die einen zersetzen tote Pflanzen oder Tiere, wie etwa die Asseln, Regenwürmer oder Milben. Die anderen jagen durch die Dunkelheit. Ohne dazu angehalten zu sein, helfen sie damit den Geschöpfen an der Oberfläche. Sie halten die Nährstoffe im System, die die Pflanzen brauchen und damit die Tiere. Sie recyceln organische Materialien von der toten Maus bis hin zum Blatt und der Wurzel, die ein Baum nicht mehr benötigt. Aus dem Müll des Lebens ziehen sie Stickstoff, Kalium, Magnesium, Phosphor heraus. Daraus können all die Eichen, Buchen, Fichten, in deren Schatten wir gerne spazieren, neue Triebe basteln. Das Leben im Boden macht das Leben auf dem Boden erst möglich.

Noch etwas haben viele Menschen nicht auf dem Schirm: Boden ist kein Keller, zu dem man eine Tür absperren kann. Boden ist der untere Teil des Waldes. Es gibt einen steten Austausch. Nicht nur mit den Pflanzen, sondern auch mit der Atmosphäre. Wer den Wald in seiner Gesamtheit erfassen und verstehen will, kommt um den Boden nicht drum herum.

Nach dieser Achterbahnfahrt durch die Lebensräume eines Waldes wird deutlich, dass ein Wald so ungleich komplexer ist als ein Mehrfamilienhaus. Nachmieter, die eine bestimmte Vorliebe für Vormieter haben. Wanderer zwischen oben und unten, ein ständiger Wettstreit zwischen denen, die das Haus aufbauen, und denen, die es einzureißen versuchen.

Verbindungen schaffen

Wald funktioniert am besten in der Fläche. Das heißt, es braucht große Wälder, in denen sich Arten immer wieder aufs Neue ihre Nischen erschließen. Das Problem ist aber, dass unsere Wälder zerschnitten sind. Straßen, Siedlungen, Acker und Grünland. Für Pflanzen und Tiere macht es das schwierig, neue oder meistens alte, irgendwann verlorene Lebensräume in Wäldern wieder zu erreichen. Viele Insekten bewegen sich in einem Radius von wenigen hundert Metern. Da trennt ein Wohngebiet ökologische Nischen zuverlässig. Das gilt auch für größere Arten, die gut zu Fuß sind. Früher war es beispielsweise für das Rotwild ein leichtes, durch das Land zu wandern. Der Mensch hat dem einen Riegel vorgeschoben. Es gab rotwildfreie Gebiete und daneben Rotwildgebiete, in denen die Tiere ganzjährig eingezäunt waren. Schaffte es doch mal ein Tier hinaus, durfte man es schießen. Das ist wieder ein Beispiel für eine ungewollte Folge einer Änderung der Lebensbedingungen. Die Trennung der Populationen bringt auf Dauer nichts Gutes. Wenn zu wenig Abwechslung im Erbgut ist, kann es zu Gendefekten kommen. Forscher der Universität Göttingen haben sich im vergangenen Jahr die genetische Vielfalt von 34 Rothirsch-Vorkommen vorgenommen. Dabei kam heraus, dass die Inzuchtwerte oft so hoch wie bei Verpaarungen zwischen Halbgeschwistern oder Eltern und Kindern waren. So schlimm wie bei den Habsburgern oder den Pharaonen ist es noch nicht, aber auch beim Rotwild gibt es bereits verkürzte Unterkiefer, die auf den unterdrückten Austausch zurückgehen.

Auch andere Arten scheitern an der Zivilisation: Jedes Jahr verunglücken hunderttausende Wildtiere. Von 230.000 überfahrenen waren allein 200.000 Rehe. Auch Luchse, Wildkatzen, Wölfe könnten wieder in vielen Landesteilen leben. Doch endet ihr Wille zur Ausbreitung oft am Kühler eines Autos.

Vertreterinnen und Vertreter aus Naturschutz, Waldbesitz und Jagd sowie Försterinnen und Förster ringen gemeinsam um Lösungen. Es geht darum, die Natur zu erhalten, ohne die Interessen der Menschen aus den Augen zu verlieren. Will man Lebensräume bewahren, muss man sie schützen, wie es etwa in Naturschutzgebieten oder Nationalparks geschieht. Wichtig ist aber auch, die Dynamik im Wald im Möglichen zu halten. Dafür ist aber ein Austausch unabdingbar. Schlüssel dazu können sogenannte Trittsteine sein. Das meint nichts anderes als eine Kette von Lebensrauminseln, die Wälder miteinander verbinden können. Damit haben kleine und große Arten eine Chance, sich im Land auszubreiten. Dabei geht es nicht darum, dass auf den Trittsteinen jedes Mal ein komplettes Biotop das Überleben der Art sichert. Sie sind als

Zwischenziel, als zeitweises Biotop gedacht. So können zwei größere Waldgebiete etwa über kleine Waldinseln, Hecken oder baumgesäumte Bäche miteinander verbunden werden. Der Biotopverbund ist ein wichtiges Ziel von Forstverwaltungen und Naturschützern. Das geht auch innerhalb des Waldes. Etwa, indem regelmäßig Lichtinseln sichergestellt sind. Oder eine bestimmte Zahl und Menge von sehr alten Bäumen und Totholz. Damit erleichtert man das Überleben vieler Arten. Zudem ist so gewährleistet, dass sich Arten ausbreiten können. Oder dass sie ausweichen können, wenn sich etwa im Zuge der Klimakrise Bedingungen verschieben.

Damit einher geht der Zwang zur Kontinuität. Manche Arten sind auf stetiges Vorhandensein ihres Lebensraums angewiesen. Sie können nicht Pause machen oder weite Strecken reisen, um einen passenden Baum zu finden. Bestes Beispiel sind die Totholzspezialisten. Oder Glühwürmchen. Die Weibchen des Großen Leuchtkäfers können zwar hübsch leuchten, aber nicht fliegen. Selbst ein hundert Meter entferntes Glühwürmchenparadies bleibt unbesiedelt, wenn es keinen Fußweg für die Weibchen gibt. Das gilt in Abstufungen für sehr viele Tier- und Pflanzenarten. Sie brauchen eine zeitliche und räumliche Kontinuität.

Bleibt die Frage, welcher Wald der beste ist. Oder was für die Artenvielfalt im Wald das Beste ist. Die letzten 2000 Jahre hat sich da einiges getan, dort, wo heute Deutschland liegt.

Die Axt im Wald

Was unterscheidet den Wald in Deutschland von, sagen wir mal, einem Kartoffelacker? Oder einer Wiese, auf der Kühe weiden? Nicht viel. Alle diese Flächen sind unter unserer Aufsicht. Wir bestimmen, was dort gedeiht. Auch Wald ist damit Teil der Kulturlandschaft. Er liefert gemäß unseren Bedürfnissen. Das augenfälligste Produkt ist Holz, aber nicht das einzige. Wald gibt uns auch saubere Luft, Wasser. Er dient uns als Ort der Erholung. Natürlich ist er auch ein Lebensraum für Pflanzen, Tiere, Pilze.

Wir haben den Wald von heute erschaffen. Er ist das Produkt jahrhundertelanger Anstrengungen des Menschen. Das war nicht immer so. Natur bestimmte lange, was wuchs, wer sich ausbreiten konnte und wer letztendlich unterging. Es hat lang gedauert, bis wir Menschen so zahlreich waren und über wirkungsvolle Technik verfügten, um dem Wald zuzusetzen. Damit haben wir nicht nur das Aussehen der Landschaft dramatisch verändert. Wir haben auch den Mix der Arten und Lebensräume bewusst und unbewusst bestimmt. Das bedeutete nicht immer, dass die so entstandene Kulturlandschaft ärmer wurde. Erst der Mensch hat zahlreiche Lebensräume überhaupt erst gestaltet. Bei der Wiese ist das noch am leichtesten zu vermitteln. Doch Wald ist ein anderes Kaliber. Menschen nehmen ihn als wildes Element wahr, als Natur vor der Haustür. Bei Licht betrachtet ist der Unterschied zur Wiese und zum Kartoffelacker eher ein gradueller und kein prinzipieller.

Um das zu verstehen, ist es gut, sich ein paar Jahrtausende Zeit zu nehmen. Denn natürlich hat kein Mensch einen Schalter umgelegt und der Wald war zivilisiert. Aber letztendlich ist Wald hierzulande genau das.

Die Geschichte der Zivilisierung des Waldes zwischen Nordsee und Alpen ist nicht mehr als eine Fußnote im Lauf der Erdzeitalter. Sie beginnt in der Eiszeit, nahezu nebensächlich. Damals hatte die Kälte weite Teile Europas fest in ihrer Hand. Gletscher waren bis zu einer Linie von Hamburg bis Berlin vorgekrochen. Einige hatten auch die Alpen verlassen und das malerische Oberbayern und das Allgäu unter ihrem Eis begraben.

Sonst war das Land so ungastlich nicht. Eins gab es aber nicht: Wald. Das Klima erlaubte einfach nicht, dass Bäume sich zusammenrotteten. Es erlaubte nicht einmal, dass ein Baum überhaupt zu einem stattlichen Gewächs werden konnte. Die Landschaft erinnerte eher an die kargen Geröllwüsten auf Spitzbergen oder die Tundren im Norden Russlands. Das Klima war kühl und trocken. Die Bäume hatten sich in wenige Refugien zurückgezogen.

Die Rückkehr der Bäume

Doch auch die letzte Eiszeit ging irgendwann zu Ende. Vor 18.000 Jahren stiegen die Temperaturen langsam. Die Welt wurde wieder feuchter, die Vegetationsperioden länger. Damit konnten die Bäume zurückkehren. Ganz einfach war das nicht, denn Bäume, die etwa in Südfrankreich oder auf dem Balkan überwintert hatten, standen vor einem Problem: Berge. Da lagen die Alpen im Weg, jene Höhen, die einigen Baumarten beim Vorrücken der Kälte das Ausweichen erschwert und das Aussterben verursacht haben. Auch nordwestlich der Alpen reihten sich Höhenzüge aneinander.

Auf der anderen Seite, östlich der Alpen, war es ebenso schwierig. Hier machte die Trockenheit der Ungarischen Tiefebene ein Vorwärtskommen mühsam, wenn nicht unmöglich. Auch hier gab es Berge.

Am Ende blieben im Wesentlichen nur zwei kleine Durchgänge, durch die Bäume hindurchschlüpfen konnten (vgl. Abb. S. 83). Im Westen die Burgundische Pforte: Das ist ein nur gut 30 Kilometer breiter und bis zu 400 Meter hoher Sattel, der zwischen den Vogesen und dem Jura liegt. Über die Jahrtausende ist die Pforte eine wichtige Landmarke in Europa geblieben, nicht nur für Bäume. Sie ist bis heute für die Menschen ein wichtiger Weg und war immer auch Grenze. Zudem liegt hier eine wichtige europäische Wasserscheide. Westlich des Sattels fließen die Bäche und schließlich Flüsse gen Mittelmeer, östlich davon in Richtung Rhein und damit in die Nordsee. Ein spektakuläres Stück Geografie.

Auf der anderen Seite der Alpen, im Osten, bot das Wiener Becken den Bäumen eine Chance. Zwischen den Ostalpen und den Karpaten ist das Land quasi eingesunken. Auch diese Lücke ist nur 50 Kilometer breit.

Bäume verbreiten sich über ihre Samen. Diese Methode braucht je nach Art unterschiedlich lang. Besondere Sprinter sind dabei Pionierbaumarten. Eine Birke schafft in einem Jahr 2000 Meter. Buchen lassen es langsamer angehen: Ihre Ausbreitungsgeschwindigkeit liegt bei 100 bis 200 Metern im Jahr.

Der ganze Vorgang ist eher mit einem Hüpfen zu vergleichen. Die Samen der Bäume bilden immer wieder neue Brückenköpfe oder Inseln. Birken tun sich da leichter, weil ihre Samen wunderbar mit dem Wind segeln können. Ihre Zahl ist schier unglaublich: Ein einziger Baum kann bis zu zehn Millionen Birkennüsschen in den Wind werfen. Buchen und Eichen sind auf die Nachlässigkeit von Tieren angewiesen.

Der Prozess der Wiederbewaldung ist im Übrigen auch heute noch nicht abgeschlossen. Rotbuchen haben Großbritannien um die Zeitenwende erreicht, das südliche Norwegen erst im Mittelalter.

Das Nachzeichnen der Geschehnisse vor vielen tausend Jahren gleicht einer Detektivarbeit. Wir suchen Spuren, befragen Quellen und ziehen Schlüsse. Pollendiagramme geben Hinweise auf die Ausbreitung verschiedener Baumarten. Jeder Pollen einer Pflanze sieht anders aus und ist für diejenigen gut zu erkennen, die über die Kenntnisse und eine passende Vergrößerung verfügen. Moore oder Sedimente, die weit in die Vergangenheit reichen, konservieren Pollen und verraten etwas über die Flora von damals.

All diese Methoden leisten ihren Beitrag, um die Wiederbewaldung Europas zu verstehen. Die ersten Bäume waren diejenigen, die wir auch heute noch als Pioniere kennengelernt haben. Birken machten aus der Tundra eine Taiga. Kiefern breiteten sich aus.

Diese frühen Wälder waren wohl lockere Bündnisse. Sie bauten Humus auf, schufen gute Bedingungen auch für Mykorrhiza-Pilze, sie spendeten Schatten und hielten Gräser nieder. Wenn Feuer eine Bresche schlug, konnten unsere anspruchsvolleren Arten ihre Chance bekommen. Undankbar, wie sie waren, haben sie den Pionieren dann Stück für Stück das Land abgenommen. Die Natur hat sich selbst geregelt.

Lange Zeit, nachdem sich die Gletscher verabschiedet hatten, bewegte sich der Mensch immer noch als unauffälliges Mitglied der natürlichen Gemeinschaft zwischen den Bäumen umher. Man schätzt, dass während der Eiszeit im heutigen Europa nur 13.000 unserer Art herumzogen. Dementsprechend gering war ihr Einfluss. Natürlich haben sie Bäume gerodet und Feuer gemacht. Aber sie waren einfach zu wenige.

Allerdings gibt es Hinweise, dass selbst diese seltenen Menschen kurz nach der Eiszeit schon begannen, ihre Umwelt zu formen – wobei »kurz« immerhin ein paar tausend Jahre umfasst. Jedenfalls zeichnet sich in Pollendiagrammen etwas Ungewöhnliches ab. Vor rund 10.000 Jahren scheinen Haselgebüsche häufiger zu werden. Vermutlich war der richtige Zeitpunkt gekommen, zu dem die Hasel besonders gute Bedingungen hatte. Jedoch liegt die Vermutung

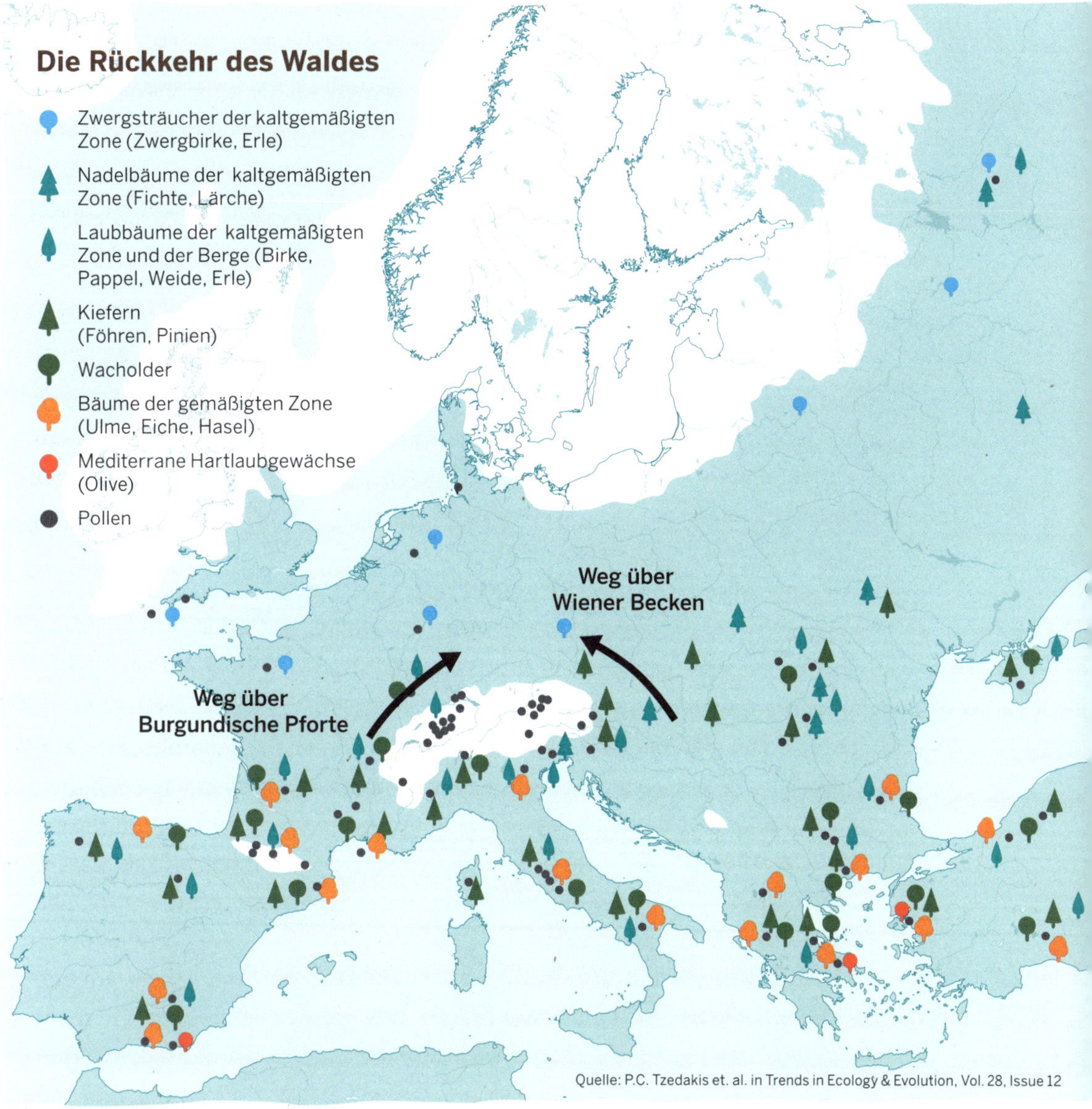

Wiederbewaldung: Dem vergleichsweise milden Klima um das Mittelmeer herum ist zu verdanken, dass Bäume die Eiszeit überdauern konnten. Als das Eis ging, kamen die Arten zurück.

nahe, dass die Steinzeit-Menschen nachgeholfen haben. Haselnüsse sind nun mal ein guter Proviant: leicht zu transportieren und nahrhaft. Die Verbreitung muss nicht einmal durch den Menschen geplant gewesen sein. Es reicht, hier und da eine Nuss zu verlieren. Über Jahrzehnte gesehen hat selbst dieser unbewusste Einfluss einen spürbaren Effekt und ist zumindest denkbar. Vielleicht hat ein Protoförster ja auch den Zusammenhang erkannt und absichtlich auf seiner Wanderung eine Nuss in den Boden gedrückt; wohl wissend, dass er an dieser Stelle wieder vorbeikommen würde. Das Ergebnis war, dass der Strauch die Landschaft vor 9000 Jahren bestimmt hat.

Während der Mensch durch die Welt wanderte, breitete sich Wald immer weiter in den Norden, Osten und Westen aus und wurde zum prägenden Stilelement der Landschaft. Dabei waren auch diese Waldbilder der Veränderung unterworfen. So wie das Klima Wälder erst möglich gemacht hatte, änderte es gelegentlich minimal die Bedingungen. Damit hatte mal die eine, mal die andere Art einen winzigen Vorteil. Zunächst dehnten sich im Norden von Eichen dominierte Wälder aus. Sie hatten Linden, Eschen und verschiedene andere Bäume in ihrem Tross. An den Alpen gaben eher Ulmen den Ton an.

Das Portfolio an Waldbildern stieg weiter an.

Schrumpfende Wälder

Vor rund 8000 Jahren hatte die Rotbuche ihren Auftritt im nördlichen Mitteleuropa. Sie begleitete nach der Eiszeit eine für uns Menschen als Art sehr stabile Periode mit vorteilhaften Bedingungen, die zum Aufschwung unserer Zivilisation führten. Städte, Schrift, Geschichte, Handwerk entwickelten sich. Wir begannen, die Natur unseren Ansprüchen zu unterwerfen, und lernten dabei eine neue Art der Nahrungsbeschaffung, die auch den Wald veränderte: den Ackerbau. Im Gebiet des fruchtbaren Halbmonds, wo heute der Irak, Iran und Syrien liegen, hatten die Menschen begonnen, planvoll Gras anzupflanzen, um dessen Samen zu ernten. Bier und Brot waren so genial wie lecker, sie verbreiteten sich schnell und kamen vor 7000 Jahren auch nach Mitteleuropa.

Wer Getreide anbaut, braucht Flächen. Am besten solche, auf denen keine Bäume Schatten werfen. Gleichzeitig sind die Böden im Wald so schlecht nicht und Wälder schützen die Felder vor Austrocknung und Frost. Als aus den nomadisch lebenden Menschen Bauern wurden, nutzten sie die Natur ganz anders. In der Umgebung seines Feldes war der Mensch der späten Steinzeit häufiger unterwegs. Er brauchte mehr Holz, fing mehr Tiere. Damit wurde er zum wichtigen Faktor im Naturhaushalt. Nach ein paar Jahrzehnten wechselten die Gemeinschaften den Platz. Die Felder gaben weniger her, wahrscheinlich wurden auch die Wege zu lang, um an genügend Holz zu kommen. Neues Stück Wald, neues Feld, neues Glück. Auf der alten Parzelle erholte sich die Natur.

Damit ist klar: Die Veränderung des Waldes begann nicht erst in der Neuzeit. Möglich ist, dass erst der Ackerbau der Buche den entscheidenden Kick gab – und diese Art ein paar Jahrhunderte später auch wieder einfing. Denn als die Menschen vor 3000 Jahren begannen, Erz zu schmelzen, brauchten sie Holz. Eichen und Hainbuchen können aus den Stümpfen neu treiben, Buchen nicht, womit sie einen Nachteil hatten.

Bereits um die Zeitenwende haben Menschen Wälder auf eine Art und Weise genutzt, die wir heute als Raubbau bezeichnen. Dabei sollte man nicht vergessen, dass es immer noch große Gebiete gab, die menschenleer waren.

Germanien war ein düsteres Waldland, wie Cäsar und Tacitus gerne betonten. Und wahrscheinlich auch alle anderen Römer, die sich zwischen Rhein und Weser die Sandalen in den Bauch stehen mussten. Doch das Holz nahmen sie gerne und schickten Holzfällertrupps in weit entfernte Wälder, um den begehrten Rohstoff zu beschaffen.

Als die Römer sich aus den Teilen Germaniens zurückzogen, übernahmen wieder germanische Stämme die Herrschaft. Der Wald bekam eine Atempause, aber nur eine kurze. Die Merowinger und anschließend die Karolinger vereinten große Gebiete und sorgten für Ruhe. Das Land prosperierte. In Teilen des heutigen Frankreichs und Südwestdeutschlands gab es nun bereits kahle Stellen im Waldteppich. Der Wald verkleinerte sich in dem Maß, wie die Bevölkerung zahlreicher wurde. Waren um das Jahr 500 auf den Quadratkilometer noch 2,5 Menschen gekommen, zählten sie um 800 bereits gut zehn. Klöster schossen wie Pilze aus dem Boden, die Landwirtschaft erlebte einen Aufschwung und Städte entwickelten sich zu echten Zentren.

In der Nähe frühmittelalterlicher Metropolen wie Aachen oder Köln war der Wald schon arg gerupft. Holz war jahrtausendelang Basis für weite Teile der Wirtschaft und Gebrauchsartikel, vergleichbar mit Erdöl heute. Es diente als Wärmequelle und Material für Suppenlöffel, Dächer, Schuhe und Räder. Holz war universal, entsprechend hoch der Bedarf. Das Holzzeitalter dauerte noch bis ins 19. Jahrhundert. Erst Steinkohle und Erdöl haben dem Wald Entlastung gebracht.

Ein Muster hat sich neben der wachsenden Bevölkerung früh abgezeichnet: Sobald das Schrumpfen der natürlichen Ressource nicht mehr zu übersehen war, beklagte man den Mangel. Erst die Holznot brachte Menschen dazu, zu einer planvollen Nutzung überzugehen. Das erinnert an den Umgang mit aktuellen Krisen. Wir scheinen heute trotz aller Wissenschaft und aller Technik nicht sehr viel schlauer als in der Antike oder dem Mittelalter zu sein.

Dennoch: Im frühen Mittelalter war die Gegend des heutigen Deutschlands zwar komplett besiedelt, aber Wald war immer noch in großen Teilen wild, Urwald. Die Menschen bevorzugten es, in den Tälern zu leben und ihre Felder zu bestellen. Die Höhenzüge blieben sich selbst überlassen, wenn auch nicht für lange. Um das Jahr 1000 bedeckte Wald noch gut 65 Prozent des Landes. Dann kam der demografische Boom des Hochmittelalters und die Bevölkerung wuchs rasant auf gut 30 Köpfe pro Quadratkilometer. Hunderte neuer Orte entstanden.

Der Wald gehörte dabei vielen auf verschiedene Arten. Ziemlich unübersichtlich. Die Wälder zwischen Siedlungen etwa galten zunächst einmal als herrenlos. Aber schon die fränkischen Könige fanden, dass sie eigentlich ihnen zustanden, und nahmen sie in Besitz. Das waren die Keimzellen der sogenannten Königs- oder Reichsforste, die die jeweiligen Herrscher an Klöster oder Landesherren verschenken oder als Lehen vergeben konnten. Die Nutzungsrechte wanderten gleich mit. Die Wälder schrumpften langsam, aber stetig.

Das Ende der Reichsforste kam, als Friedrich II. im Jahr 1232 neben einigen anderen Rechten auch das Forstregal abgab. Regalien waren Rechte, die dem Kaiser zustanden. Ab 1232 konnten Landesherren selbst herrenloses Land unter ihre Fittiche nehmen. Was sich wie ein bloßes Geschiebe von Ländereien ausmacht, hatte Auswirkungen. Die Wälder zersplitterten immer weiter. Sie wurden vielfach zum Selbstbedienungsladen, der die Kassen füllen musste. Im besten Fall blieb der Wald als Jagdgebiet von großflächigen Rodungen verschont. Neben solchem Waldbesitz durch Kaiser, Landesfürsten und Grundherren gab es den Wald von Klöstern. Auch manche Gemeinden hatten eigenen Wald. Schließlich gab es sogar Wald, der einzig im Besitz eines Bauern war.

Treibstoff der Zivilisation

Die verschiedenen Interessen am Wald haben ihm bereits vor 1000 Jahren ihren Stempel aufgedrückt. Die so entstehenden Ökosysteme hatten ihre ganz eigene Artenvielfalt. Manche Pflanze und manches Tier hat profitiert, andere Arten sind verschwunden. Der Wald war Ausdruck mittelalterlichen Lebens.

Zuerst einmal war der Wald Energiequelle. Bauern sammelten das Holz in Nachbarschaft ihrer Siedlungen. Aber auch Höfe, Städte und Handwerker brauchten die Energie. Der Mensch hatte nun eine Zeit erreicht, in der er Wälder nicht nur durch die Nutzung veränderte, sondern sie seiner Nutzung entsprechend formte.

Ein Beispiel sind die Niederwälder. In der Natur gibt es sie nicht. Ein Niederwald ist eine Form der Bewirtschaftung, in der ein Bauer einen Baum immer wieder auf den Stock setzt. Das heißt, er kappt den Stamm und hofft, dass aus dem alten Stumpf, dem Stock, wieder neue Triebe ausschlagen. Nach ein paar Jahren kann er diese wieder abschlagen und aufs Neue nutzen. Das passt hervorragend, wenn man Brennholz erzeugen und die Rinde etwa für die Ledergerbung nutzen will oder am Reisig interessiert ist.

Nicht alle Baumarten sind für diese Nutzungsform geeignet. Manche überleben die Radikalkur nicht. Dazu gehören etwa Rotbuchen oder Fichten. Hainbuchen hingegen überstehen die Behandlung gut, genauso wie Eichen. Wenn nun ein findiger Waldbesitzer seine Fläche einteilt und jedes Jahr eine Parzelle nutzt, die anderen aber wachsen lässt, ist sein Nachschub gesichert. Diese Form der Bewirtschaftung führt dazu, dass die geeigneten Baumarten bestehen bleiben, aber nicht unbedingt die, die an diesem Standort heimisch waren. Niederwälder sind gerade zu Beginn voller Licht, das heißt, hier gedeiht mehr Gras, blühen mehr Blumen. Dazu wachsen Ebereschen, Speierling und Pappeln. Kein Wunder, dass hier Vögel und Insekten vorkommen, die solche Niederwälder besonders mögen, wie das Haselhuhn. Heute gibt es fast keine Niederwälder mehr, und damit ist auch das Haselhuhn rar geworden.

Eine Hand voll ist okay

Wie schön: ein Himmelschlüsselchen. Das macht sich sicher hübsch als Blumenschmuck. Genauso wie Veilchen, Schneeglöckchen, Märzenbecher. Auch das Moos als Schmuck für die Osternester. Oder Bärlauch für das selbstgemachte Pesto. Perfekt. Doch Vorsicht. Das Sammeln wildlebender Pflanzen ist im Prinzip verboten. Es gilt jedoch die Handstraußregel, wonach kleine Mengen von Pflanzen mitgenommen werden dürfen. Kleine Mengen! Und auch dann dürfen keine geschützten Arten, ganz gleich, ob Moose oder Blumen, gesammelt werden. Das gilt zudem für alle Pflanzen in Schutzgebieten. Am besten, man freut sich an den Blumen und auch Moosen im Wald und lässt sie einfach an ihrem Platz.

Wie Robin Hood einen Baum ausgerottet hat

Die meisten Menschen werden sich an Robin Hood erinnern. Mit seiner Kühnheit und vor allem seinem Geschick hat er sich vom Mittelalter in die Moderne gerettet. Sein Bogen spielt dabei eine zentrale Rolle. Doch die für den Bau bevorzugte Baumart wurde dadurch arg mitgenommen. Das Holz der Eibe ist geradezu perfekt dafür. Ihr Splintholz ist elastisch und ihr Kernholz hart. Zusammen ergibt das eine immense Durchschlagskraft. Kein Wunder, dass Eiben sehr begehrt waren. Gerade mit dem Hundertjährigen Krieg stieg die Nachfrage nach Bogenschützen und ihren Waffen gewaltig. Allein bei der Schlacht von Azincourt im Jahre 1415 waren 7000 englische Bogenschützen zur Stelle. Über die Jahrhunderte mussten Millionen von Eiben für die Kriege geschlagen werden. Von diesem Aderlass hat sich die Art nie mehr erholt. Heute ist es schwer, eine Eibe zu finden, aus der sich überhaupt ein Bogen fertigen ließe.

Holz ist nicht das einzige Gut des Waldes. Man nutzte ihn auch als Weide fürs Vieh. Rinder, Schweine, Schafe, selbst Pferde trieb man in solche Hutewälder. Die Tiere fraßen Gras, Kräuter, junge Bäume und Blätter. Schweine wühlten sich auf der Suche nach Pilzen und Mäusen durch den Boden und profitierten von Bucheckern oder Eicheln.

Das Vieh bleibt nicht folgenlos für einen Wald. Junge Bäume wachsen nicht, wenn es dort unterwegs ist, oder nur sehr vereinzelt. Der Boden liegt durch die Hufe der Tiere und ihr Wühlen bloß. Im Laufe der Zeit wird ein solcher Wald heller, was wiederum dem nachwachsenden Gras zugutekommt. Ein Hutewald ist licht. Eichen können gut im verwundeten Boden keimen. Überhaupt waren Eichen sehr beliebt im Hutewald, lieferten sie doch über ihre Eicheln gute Schinken. Hinzu kommt, dass hier viele Bäume sehr alt werden durften. Dementsprechend boten sie Lebensräume für Arten, die ein Faible für dicke Bäume mit morschen Ästen haben. Darunter etwa der Juchtenkäfer, der Große Eichenbock oder auch der Nashornkäfer.

Solche Hutewälder nutzte man bis in die Moderne, in manchen Phasen intensiver, in anderen weniger. Selbst heute sind sie nicht ganz verschwunden. Einzelne Wälder haben ihren Charakter erhalten. Immer wieder gibt es Projekte, um die Waldweide zu fördern. Wer aufmerksam durch den Wald geht und auf eine einzelne, sehr alte Eiche trifft, mit dicken Ästen, knorrig, könnte auf den Hinweis gestoßen sein, dass in ihrer Nachbarschaft einst ein Hutewald lag.

Spätestens im Mittelalter ließ sich der menschliche Einfluss auf die Waldökosysteme nicht mehr ausblenden. Bis zum Ende des 13. Jahrhunderts war sein Anteil auf 30 Prozent zurückgegangen. Das entspricht in etwa der Situation heute.

Die Art und Weise, wie die Menschen mit dem Wald umgingen, konnte schon damals nicht gutgehen. Die Obrigkeit beziehungsweise die Gemeinschaft schritt ein. Es gab Verbote und Strafen, Holzdiebe bekamen ordentlich auf die Finger. Rodungsverbote sollten im Bergland vor Erdrutschen schützen und zudem sicherstellen, dass Holz verfügbar blieb. Für Salinen war das eine wirtschaftliche Notwendigkeit. Bereits im frühen 16. Jahrhundert gab es Waldmeister, die Bedarf und Hauungen im Salzburger Land planen mussten.

Im Mittelalter gab es Bestrebungen, die einen Schritt weitergingen. Wälder entstanden durch menschliche Hand aufs Neue. Eichen wurden gepflanzt, mitunter Kastanien oder Obstbäume hinzugemischt. Waldgestaltung ist keine Erfindung der Moderne. Peter Stromer der Ältere hat in Nürnberg damit geradezu eine Revolution ausgelöst. Er war Unternehmer, der sein Geld mit Erzen und deren Verarbeitung verdiente. Das Problem: Die Umgebung seiner Heimatstadt war ganz schön mitgenommen, die Wälder in schlechtem Zustand. Es gab viel ödes, baumloses Land. Der Wald war so ruiniert, dass selbst der Kaiser forderte, aktiv zu werden.

Stromer hatte nun die Idee, Nadelbäume zu säen wie ein Bauer Getreide. Das war bahnbrechend und veränderte die Landschaft. Ab 1368 säte er großflächig vornehmlich Kiefern und Tannen, aber auch Fichten. Und er gab Birkensamen hinzu, damit die Flächen nicht vom Gras überwuchert würden. Den Gedanken hat man übrigens heute wieder für die Forstwirtschaft entdeckt.

Das Konzept des umtriebigen Patriziers ging auf und die Waldsaat entwickelte sich zum Exportschlager Nürnbergs. Was da gesät wurde, waren aber alles andere als natürliche Waldbilder. Der Wald sollte als Rohstofflieferant heranwachsen. Damit ist klar, dass Menschen schon im Mittelalter und der frühen Neuzeit viele Wälder so verändert haben, dass sie sich weit von ihrer

Natürlichkeit entfernten. Der Mensch erschuf sogar ganz eigene Waldtypen. Sie hatten allesamt nicht mehr viel mit den Wäldern Germaniens zu tun.

Als die Neuzeit langsam das Mittelalter ablöste, änderte sich die Welt erneut. Nach dem mittelalterlichen Klimaoptimum begann die Kleine Eiszeit, ausgelöst wahrscheinlich von einer Kette von Vulkanausbrüchen. Es wurde kühler, die Winter länger, die Sommer schlechter. Von 1580 bis zum Jahr 1720 lagen die Temperaturen nördlich der Tropen ein gutes Grad niedriger als zwischen 1880 bis 1960. Das zeigt, wie fragil Gesellschaften bei scheinbar minimalen Veränderungen des Klimas sind.

Mittlerweile sind wir in der Zeit nach dem Dreißigjährigen Krieg angekommen. Auch diese Periode hat den Menschen viel Leid beschert. Die zahlreichen Heere und der Zusammenbruch der Ordnung haben zudem dem Wald nicht gutgetan. Danach nahm die Bevölkerung wieder zu. Der Bedarf an Holz wuchs. War Holznot in den Jahrhunderten zuvor noch ein regionales Problem, wurde sie jetzt zum entscheidenden Wirtschaftsfaktor. Alle brauchten Unmengen von Holz. Holz für den Schiffbau handelte man in ganz Europa. Köhler, Glasmacher und alle, die Metall verarbeiteten, gierten nach Holz. Manche frühen Industrien standen die meiste Zeit still, weil schlicht das Holz nicht zu beschaffen war. Eine einzige Eisenhütte, die ihren Ofen nur einmal alle zwei Jahre angeblasen hat, brauchte dazu das Holz von 2000 Hektar Wald.

Als Folge waren viele Landstriche ihrer Wälder beraubt: Der Schwarzwald war nur mehr zu 30 Prozent von Wald bedeckt, in Schleswig-Holstein waren lediglich sechs Prozent Wald übrig. Im Mittelalter hieß es noch, dass dort ein Eichhörnchen in den Ästen der Bäume von der Nordsee zur Ostsee springen könne.

Frühe Nachhaltigkeit

Anfang des 19. Jahrhunderts war der Wald in ganz Deutschland fragmentiert und erbärmlich. Um das Jahr 1000 lag der Zuwachs in Wäldern noch bei 3,4 Festmeter pro Hektar und Jahr. Er sank im 17. und 18. Jahrhundert auf 1,7 Festmeter pro Jahr und Hektar. Heute sind es fast elf Festmeter pro Jahr und Hektar.

Doch Rettung nahte. Der Bergbau war ein wichtiger Geburtshelfer der modernen Forstwirtschaft. Das Buddeln unter Tage funktionierte nicht ohne Holz. Man brauchte es zum Bau von Fahrstühlen, Leitern, Wasserleitungen,

Schubkarren, Hütten, zum Abstützen der Schächte und zu vielerlei Dingen mehr. Zudem war Holz notwendig, um die Schätze der Erde überhaupt nutzbar zu machen, wie etwa beim Salzsieden.

Der Erfinder der Nachhaltigkeit stammte nicht zufällig aus der Gruppe der Bergleute. Im Jahr 1713 schrieb der Oberberghauptmann Hans Carl von Carlowitz in seinem Werk *Sylvicultura oeconomica* über die nachhaltige Nutzung von Wäldern. Das bedeutet schlicht, nicht mehr zu ernten, als nachwächst. Dieses Prinzip scheint einfach. Doch für sich genommen ist es nicht ausreichend, denn es blendet ökologische Fragen ein Stück weit aus.

Die Antwort der frühen Forstleute auf die Frage der Holznot war, schnellwachsende Baumarten zu fördern. Diese sollten in kurzer Zeit genau die Mengen liefern, die gebraucht wurden. Und nicht nur das. In der Lüneburger Heide etwa hatte die jahrhundertelange Nutzung dazu geführt, dass die Wälder verschwanden und die Böden in sehr schlechtem Zustand waren. Bevor anspruchsvollere Baumarten hier wieder Fuß fassen konnten, setzte man auf Kiefernwälder. Anderswo pflanzte man Fichten. Der Fichtenwald wurde zugleich zum Sinnbild der Rettung des Systems Wald, zog aber auch Vorwürfe nach sich. Fichten wuchsen plötzlich dort, wo sie natürlicherweise nichts zu suchen hatten.

Seit dem Tiefpunkt Anfang des 19. Jahrhunderts hat sich Wald in Deutschland wieder erholt. Allerdings nicht kontinuierlich, da die beiden Weltkriege des 20. Jahrhunderts erneut zu massiven Waldschäden und Waldflächenverlusten führten, die es forstwirtschaftlich zu heilen galt. Dabei gab und gibt es immer auch Kritik, insbesondere hinsichtlich der Baumartenwahl und der Kahlschlagswirtschaft. Doch ein Umdenken hat eingesetzt. Der Wald soll trotz aller Ansprüche ein Stück seiner Natürlichkeit zurückerlangen. Es ist noch nicht lange her, dass in uns eine neue Einsicht gekeimt ist. Wald, ja Natur generell hat einen Wert jenseits von nutzbarer Biomasse.

Am Ende der kleinen Waldgeschichte bleibt nur, dass der Mensch den Verlust von Waldlebensräumen durch seine Art der Naturnutzung und Kultivierung über Jahrhunderte zu verantworten hat – auf der einen Seite. Auf der anderen Seite hat er neue Lebensräume geschaffen.

Klimaschutz

Wald als Opfer des Klimawandels und als unser bester Verbündeter

Das liebe CO_2 oder der fünfte Reiter der Apokalypse

Mit dem Kohlendioxid ist es wie beim Alkohol: Die Dosis macht die Wirkung, auch wenn sie noch so gering scheint. Kohlenstoff macht gerade einmal 0,087 Prozent der obersten 16 Kilometer der Erdkruste aus. In ganz großem Maßstab wirkt es so, als sei Kohlenstoff eher eine Fußnote im Kanon der Atome. Selten und unbedeutend. Sieht man sich das Leben selbst an, ist Kohlenstoff jedoch ein unverzichtbarer Baustein. Ein Mensch besteht zu 56,1 Prozent aus Sauerstoff, zu 9,3 Prozent aus Wasserstoff und zu 28 Prozent aus Kohlenstoff. Der Rest verteilt sich auf verschiedene Elemente wie Chlor, Stickstoff und Phosphor. Ein Baum besteht sogar zu rund 50 Prozent aus Kohlenstoff. Menschen und Bäume sind gewissermaßen kondensierte Luft.

Was aber macht dieses Element und das Molekül Kohlendioxid so besonders, dass es Allzweckbaustoff und Energiespeicher gleichzeitig ist? Kohlenstoff und mit ihm Sauerstoff sind die Bausteine des Lebendigen.

Kohlenstoff zählt zu den Nichtmetallen. Er ist einzigartig, denn er kann mit sich selbst unglaublich unterschiedliche Verbindungen eingehen. Er kann Ketten bilden. Oder Ringe. Oder Ringe an Ketten. Oder Ringe an Ringen. Mit Ketten. Die organische Chemie nennt sich nicht umsonst Kohlenstoffchemie. Das Leben basiert auf dem freundschaftlichen Miteinander der Kohlenstoffatome. Dieses überaus soziale Element bringt Menthol in Hustenbonbons genauso hervor wie den Diamanten am Verlobungsring.

Die Grundlage dafür ist Kohlendioxid oder CO_2, die Verbindung aus Kohlenstoff und Sauerstoff. Das Gas wird bei minus 78,48 Grad zu festem Eis, auch Trockeneis genannt. Genau, das ist der Stoff, der Horrorfilmen und Tanzschuppen das gewisse Ambiente gibt. Heute steht in Diskussionen, Nachrichten und Studien aber weniger das Faszinierende von CO_2 im Mittelpunkt. Kohlendioxid ist mittlerweile der *Bad Boy* der Chemie. Es gilt als der fünfte Reiter der Apokalypse. Als Molekül des Untergangs, der unaufhaltsamen Erderwärmung.

Nicht zu Unrecht, denn CO_2 spielt eine wichtige Rolle in der Klimakrise. Kurz gefasst: Je höher der Wert, desto wärmer wird es. Im April 2023 meldete das amerikanische Mauna Loa Observatory auf Hawaii den Rekordwert von 425 ppm CO_2 in der Atmosphäre. Die Einheit ppm steht dabei für *parts per million*, Teilchen pro Million. 425 ppm bedeuten demnach 0,0425 Prozent. Seit 1958 messen die Wissenschaftler im Ferienparadies regelmäßig die CO_2-Konzentration. Letztes Jahr waren es noch 415 ppm, Ende 2022 419 und nun 425.

Bei einem prozentual vergleichbaren Alkoholpegel im Blut sollten wir spätestens dann zu Fuß gehen. Wenn man sich überlegt, dass die Menge des CO_2 in vorindustrieller Zeit bei 280 ppm und in den 1990er Jahren bei 330 ppm lag, vergeht einem ohnehin die Lust zu feiern. Ein guter Zeitpunkt, sich sehr ernsthaft Sorgen zu machen.

Der CO_2-Gehalt ist dabei grundsätzlich nicht überall und immerzu gleich. Kohlendioxid ist ein Gas und wabert in unterschiedlichen Konzentrationen um den Planeten. In einigen Regionen wird mehr davon gebildet, in anderen weniger. CO_2 findet sich in größeren Mengen, wo Dinge brennen, wo Lebewesen atmen – und das Gas nur langsam abzieht.

Wenn in Klassenzimmern die Luft zum Schneiden ist, liegt das auch am CO_2; 2000 ppm kriegen Kinder und Jugendliche locker hin. Ab 1400 ppm treten Kopfschmerzen auf und die Lernkurve flacht ab. Nicht erst seit der Coronapandemie ist Lüften ein wichtiger Baustein in der Wissensvermittlung.

Da ist es nicht verwunderlich, dass Kohlendioxid in der Regel nur eine schlechte Presse bekommt. CO_2 möchten selbst diejenigen loswerden oder ignorieren, die am meisten davon produzieren. Natürlich ist das einseitig. Und die Geschichte des Kohlendioxids auf diesem Planeten ist viel zu wechselhaft, um es grundsätzlich zu verdammen. Wir verdanken dem Molekül unser Leben.

Biografie eines Moleküls

Wer die Karriere des Kohlendioxids nachzeichnen möchte, muss sehr weit in der Zeit zurückreisen, bis an den Anfang des Universums vor rund 13,7 Milliarden Jahren. Da gab es noch keinen Kohlenstoff, nur Wasserstoff, Helium und einen Hauch Lithium. Erst die Fusion dreier Heliumatome im Herzen eines Sterns schuf das erste Teilchen Kohlenstoff: ein Wunder, geboren im Feuer. Das geschah aber frühestens 100 Millionen Jahre nach dem Urknall. Eine Kernfusion führte letztendlich zu Bäumen und uns.

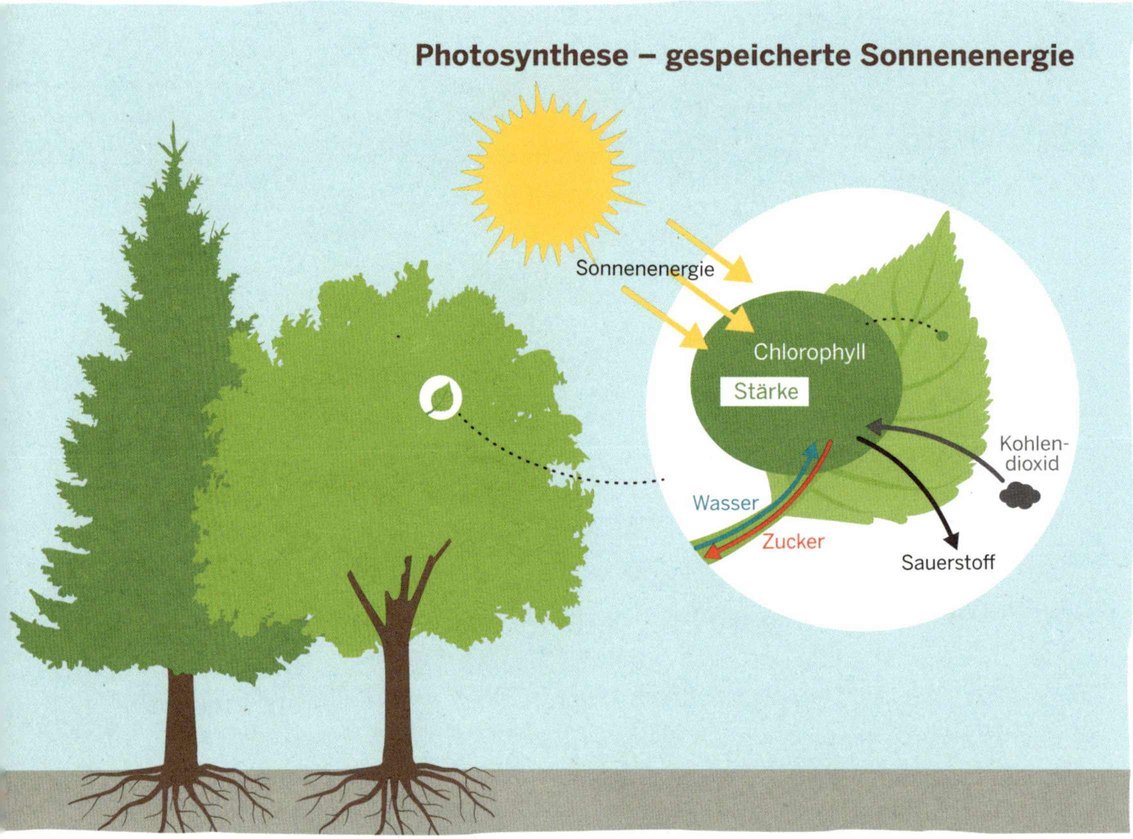

Die Photosynthese steht am Beginn fast allen Lebens. Mit ihrer Hilfe gelang es den ersten Organismen, die Sonnenenergie zu speichern. Und letztendlich über Nahrungsketten allen Organismen zur Verfügung zu stellen.

Etwa vor vier Milliarden Jahren entwickelte sich dann die Ur-Atmosphäre. Sie bestand zu 80 Prozent aus Wasserdampf. 10 Prozent in dieser Sauna waren Kohlendioxid. Auf der jungen Erde brachen immer wieder viele Vulkane aus und beförderten das Gas mit Schwung in die Luft. Der Rest waren Schwefelwasserstoff, Stickstoff und Wasserstoff. Kein Ort für einen guten Atemzug.

Dann brach ein Unwetter herein. Die Erde hatte sich so weit abgekühlt, dass die Unmengen Wasserdampf zu Wolken wurden. Sie umhüllten den Planeten, türmten sich auf. Es begann zu regnen. Die ersten 100.000 Jahre war es zu heiß, als dass auch nur ein Tropfen den Boden erreichen konnte. Der Regen verdunstete gleich wieder, stieg auf, bildete neue Wolken und das Ganze begann von Neuem. In winzigen Schritten kühlte so die Oberfläche ab und endlich gelangten Tropfen bis auf den jungfräulichen Boden. Das hörte 40.000 Jahre lang nicht mehr auf. Der Regen füllte die Becken mit Wasser und ließ sie zu Ozeanen anwachsen.

Entscheidend für die Entwicklung des Lebens war, dass die Niederschläge viel Kohlendioxid ins Wasser spülten. Zusammen mit Blitz und Donner und sehr viel Zeit entzündete sich dann der Funke des Lebens. Dem kleinen CO_2-Molekül im Wasser verdanken wir die Ursuppe. Es wäre an der Zeit, mal danke zu sagen.

Kohlendioxid hat auch beim nächsten großen Schritt, als das Leben im Wasser sich entwickelte und an Land kroch, eine große Rolle gespielt. Aus CO_2 und H_2O wurden per Photosynthese Glucose und Sauerstoff. Sauerstoff ist ein geruchloses Gas, das nie als einzelnes Atom auftritt, sondern immer in Gesellschaft. Als Molekül O_2 oder auch mal als Ozon O_3.

Die frühe Photosynthese geschah zunächst in tieferem Wasser, weil das aggressive Sonnenlicht die Bakterien sonst zerstört hätte. Der Sauerstoff entschwand in die Atmosphäre, UV-Strahlung spaltete ihn und es entstand Ozon. Die Ozon-Schicht wuchs und mit jedem Mal konnten die Meeresbewohner näher an die Wasseroberfläche. Sie produzierten mehr Sauerstoff, die Ozonschicht wurde dicker und schirmte mehr UV-Licht ab. Vor 600 Millionen Jahren war sie so weit, dass sich überhaupt Leben an Land trauen konnte. Parallel dazu sank der Anteil an CO_2 im Wasser. Das bedeutete weniger Kohlensäure und ein Milieu, in dem sich Karbonate am Meeresgrund sammeln konnten. Der Kalk rieselte zu Boden.

Erdgeschichtlich betrachtet ging es dann Schlag auf Schlag. Als mutige Pioniere krabbelten Moose aufs Trockene. Damals war der Kohlendioxid-Gehalt gut 15-mal höher als heute. Die Durchschnittstemperatur der Erde lag bei 25 Grad bis 10 Grad über der aktuellen Temperatur. 4000 bis 6000 ppm Kohlendioxid waberten durch die Luft. Aber das Leben kam. Moose und vor allem Steine zogen CO_2 aus der Atmosphäre. Bei der Verwitterung reagiert CO_2 mit der Oberfläche der Steine. Auch dabei bilden sich neue Minerale. Die wiederum spült der nächste Regen ins Meer. Und da bleiben sie, bis ein tektonischer Prozess sie in die heiße Unterwelt schiebt und zum Schmelzen bringt. Wenn sie ihren Weg über Vulkane an die Oberfläche finden, ist das CO_2 wieder da. Ein geologischer Taschenspielertrick. Funktioniert zuverlässig seit hunderten von Millionen Jahren. Allerdings, um die Euphorie etwas zu bremsen, dauern diese Mechanismen auch Millionen von Jahren, bis sie wirksam werden. Wer sein Geld darauf setzt, braucht viel Geduld.

Die Erdgeschichte schreitet mit der ihr eigenen Gemütlichkeit voran. Das Kohlendioxid war dabei mal mehr Motor des Geschehens, mal mehr Ergebnis eines Ereignisses. Sein Gehalt in der Atmosphäre schwankte sehr. Aber klar war immer: Das Leben hängt am Tropf des CO_2. Wir brauchen Kohlendioxid, um zu leben. Der Treibhauseffekt ist in unserer Lufthülle mehr als eine warme Decke. Ohne ihn würde es auf dem Planeten sehr frisch werden. Statt der Durchschnittstemperatur von 15 Grad hätten wir minus 18 Grad. Ursache dafür ist die Geometrie des Kohlendioxid-Moleküls; es ist wie ein V geformt, mit dem C an der Spitze und den beiden Sauerstoffteilchen an abgewinkelten Ärmchen. Das lässt die kurzwellige UV-Strahlung durch, die langwellige Wärmestrahlung aber nicht. Dabei reichen bereits die vergleichsweise niedrig erscheinenden CO_2-Anteile in der Luft.

Eine gute Atmosphäre

Vor gut 35 Millionen Jahren näherte sich der Anteil an CO_2 unserem heutigen Niveau. Das war, rund 30 Millionen Jahre nachdem ein Himmelskörper die Dinos von der Erde gewischt hatte. Diese Geschöpfe hatten noch mit einem Anteil von 1000 ppm Kohlenstoffdioxid in der Luft gelebt. Nun stieg der Wert auf 1500 ppm. Aber das dauerte. Und noch länger dauerte es, bis der Planet das CO_2 wieder aus der Luft gefischt und uns die Atmosphäre beschert hat, in der wir atmen können.

Der Grund dafür war wohl ein kräftiges Geschiebe. Erst knallte die Afrikanische Platte gegen Europa und Indien gegen Asien; dadurch gab es viele Vulkanausbrüche, sodass große Mengen CO_2 freigesetzt wurden. Als sich dann Alpen und Himalaya emporhoben und langsam verwitterten, verbrauchte das sehr viel CO_2. Durch die Erosion gelangten die Sedimente mit dem Klimagas darin wieder ins Meer. Wer heute in den Alpen unterwegs ist, sollte kurz innehalten. Den Bergen ist unser moderates Klima heute mit zu verdanken.

Die Temperatur jedenfalls ging runter. Gemäß dem Mechanismus »weniger CO_2 in der Luft gleich weniger warm« kam es zu Frost an den Polen. Zuerst bildete sich vor 35 Millionen Jahren Eis in der Antarktis. Vor 2,7 Millionen Jahren zog die Arktis nach. Währenddessen zeigte sich in Afrika, dass unsere Urahnen bereits am CO_2 hingen. Genau genommen ist unsere Menschwerdung mit diesem Auf und Ab von warmen und nicht so warmen Zeiten eng verknüpft. Afrika wurde trockener, als sich in der Arktis langsam Eis ansammelte. Der Wald schwand, und eine Landschaft, die der modernen Savanne ähnelte, entstand. Menschenaffen und Menschenvorfahren hatten sich bereits getrennt, nun differenzierten sich die Typen weiter aus. Der eine, *Paranthropus* genannt, hielt sich mehr an die karge Kost. Er hatte kräftige Kiefer und Zähne. Der andere, zu unserer Gattung *Homo* Zugehörige, setzte auf Fleisch. Wahrscheinlich eher auf das, was andere übriggelassen hatten, aber immerhin. Und dieser Vorfahr benutzte auch schon Steine, um Knochen aufzuschlagen und an das Mark heranzukommen. Der Klimawandel ließ den Wald schwinden und setzte eine Entwicklung in Gang, an dessen Ende wir selbst die großen Klimaakteure geworden sind.

Die letzten drei Millionen Jahre waren geprägt vom jüngsten Eiszeitalter mit Warm- und Kaltzeiten im Wechsel. Sie haben ihren Anteil daran, dass der moderne Mensch ist, wie er ist, und sich über den ganzen Planeten verbreitet hat. Der Anteil an Kohlendioxid in der Atmosphäre ist im selben Rhythmus gependelt wie die Temperaturen. Er bewegte sich die letzten 720.000 Jahre zwischen etwas unter 200 ppm und etwas über 300 ppm. Das verraten Eisbohrkerne aus der Antarktis.

Der Trend änderte sich erst, als wir anfingen, im großen Maßstab Kohle zu verfeuern. Seit der Industrialisierung klettert der CO_2-Anteil in der Luft kontinuierlich. Von 280 auf 340 in den 1980er Jahren bis hin zu den Werten von heute jenseits der 420 ppm. Diesen Rekordwert meldete das Mauna Loa Observatory auf Hawaii diesen Sommer.

Dass mit dem CO_2-Anteil etwas aus dem Ruder zu laufen droht, ist keine Erfindung der letzten paar Jahre. 1824 entdeckte der Franzose Joseph Fournier den Treibhauseffekt: Er beschrieb unsere Atmosphäre als eine warme

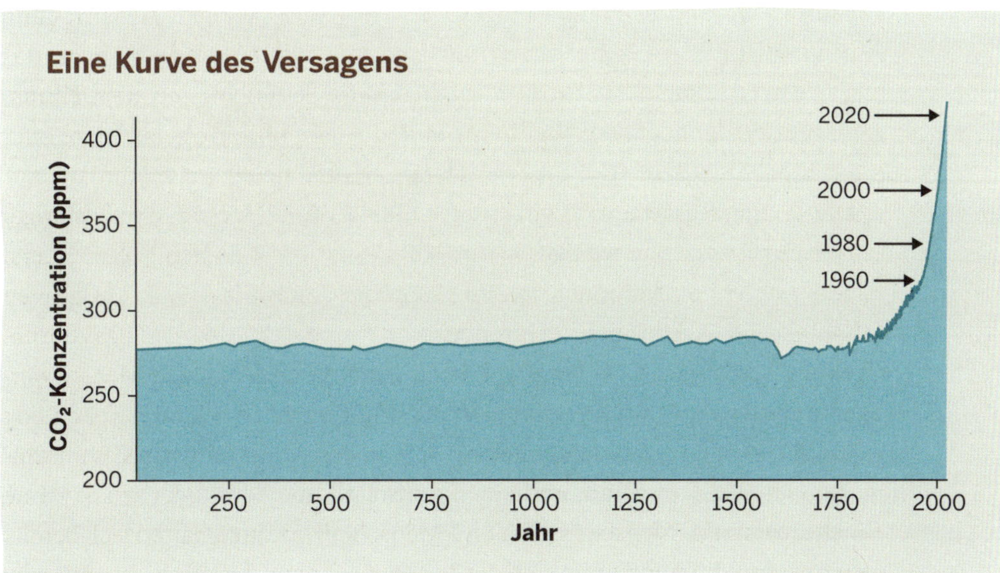

Die Keeling-Kurve ist benannt nach dem Geochemiker Charles Keeling. Sie zeigt den mittleren Verlauf der Kohlendioxid-Konzentration in der Atmosphäre. Das beinhaltet direkte Messungen aus der Luft sowie Daten, die man aus Eisbohrkernen gesammelt hat.

Decke. Bereits Alexander von Humboldt merkte in einer Schrift von 1844 an, dass der Mensch ein Klimafaktor sein könnte, weil er Wälder rodet und seine Industrien »Dampf- und Gasmassen« produzierten. Aber auch Humboldt war noch weit vom Link zwischen Kohlendioxid und Klima entfernt. Diesen Zusammenhang publizierte der schwedische Forscher Svante Arrhenius 1896. Kohlendioxid führe zu einer Erwärmung. Zwei bis vier Grad könnten möglich sein, glaubte er. Das heißt, schon im 19. Jahrhundert gab es Erkenntnisse und Anzeichen für die Wirkungen von Kohlendioxid. Das zog sich auch im 20. Jahrhundert durch. 1958 gelang es Charles D. Keeling, den menschengemachten Treibhauseffekt nachzuweisen. Das Mauna Loa Observatory auf Hawaii war dabei zentral. Die Keeling-Kurve zeigt ziemlich genau, wie der CO_2-Anteil in der Atmosphäre Jahr um Jahr steigt. So viel Kohlendioxid wie heute war zuletzt vor 15 oder sogar 20 Millionen Jahren in der Luft.

Immer wieder war im Lauf der Erdgeschichte der CO_2-Anteil in der Atmosphäre gestiegen, woraufhin ein Mechanismus einsetzte, der ihn aufs Neue reduzierte. Warme und kalte Erdzeitalter wechselten sich ab. Aber dieser Prozess, das kann man nicht oft genug klarstellen, erklärt weder den aktuellen Anstieg, noch ist er in irgendeiner Weise ein Grund, durchzuschnaufen und zu sagen: »Wird schon, war ja immer mal mehr von diesem Gas in der Luft. Klimaschutz? CO_2 einsparen? Alles Panikmache.«

Der Treibhauseffekt

CO_2 gilt als wichtiges Molekül, um die Klimakrise zu verstehen und sie zu bekämpfen. Es ist mit dem Menschen und dem Wald eng verknüpft. Und damit ist Kohlendioxid wie kaum ein anderer Stoff in der politischen und gesellschaftlichen Arena präsent. Selbst diejenigen, die seinen Einfluss verneinen und damit Wissenschaft und Fakten gegen sich haben, verweisen immer wieder auf seine Rolle beziehungsweise seine Nicht-Rolle. Ihr Argument lautet, das zusätzliche Kohlendioxid sei wie ein segensreicher Kick für Pflanzen. Nach der einfachen Formel: Mehr CO_2 in der Luft fördert das Wachstum. Wir düngen quasi die Welt, indem wir mehr Kohlendioxid in die Luft pusten. Aber auch mit dieser einfachen Formel ist es so wie mit allen einfachen Formeln. In der Realität schmelzen sie dahin wie ein Schneemann im April. Selbst wenn man ihm ein Cocktailschirmchen ansteckt, wird er zu einer Pfütze.

Dabei stimmt die Aussage prinzipiell: Die meisten Pflanzenarten zählen zu den C3-Pflanzen. Ihr Name resultiert daraus, dass bei der Photosynthese zwei

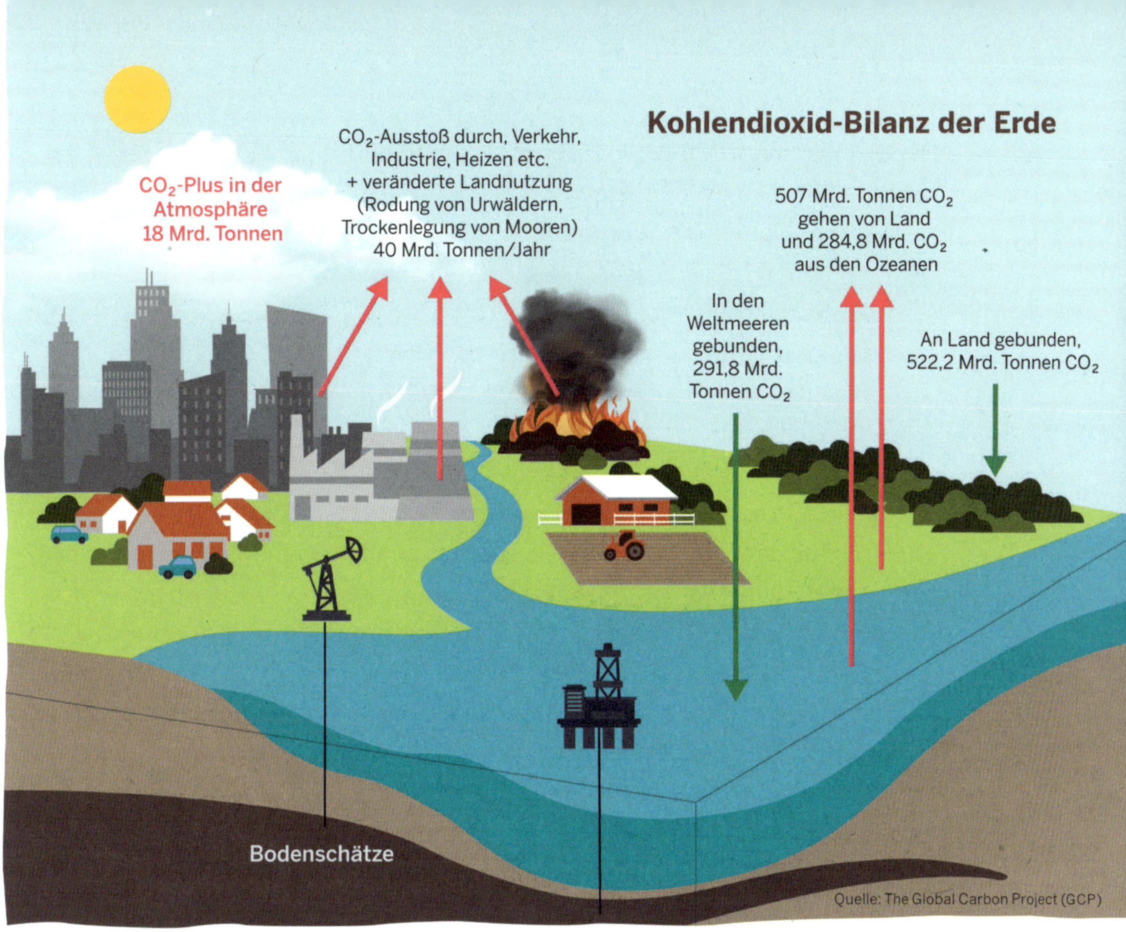

Die Menge des Kohlenstoffs auf der Erde bleibt im Wesentlichen stets gleich. Riesige Mengen gelangen in die Atmosphäre und riesige Mengen verschwinden wieder in den Meeren und in den Ökosystemen auf dem Land. Zum Problem sind die Mengen geworden, die der Mensch zusätzlich dem System zuführt, indem er in Erdöl oder Kohle gebundenes CO_2 wieder in die Atmosphäre bringt.

Moleküle 3-Phosphoglycerat auftauchen. Sie bestehen aus drei Kohlenstoffatomen. Entscheidender als der chemische Namenspate ist aber, dass diese Pflanzen eine hohe CO_2-Konzentration prinzipiell mögen. Ihr Photosynthese-System entstand zu einer Zeit in der Erdgeschichte, als der Anteil an CO_2 in der Atmosphäre wesentlich höher lag als heute. 1000 ppm sind für sie kein Problem, unter 150 ppm verabschieden sie sich sogar. Alle Baumarten zählen zu den C3-Pflanzen, genauso wie Kartoffeln, Weizen, Soja … Im Gewächshaus erlaubt eine CO_2-Düngung Mehrerträge von 40 Prozent. Und selbst in der freien Natur ist zwischen 1982 und 2010 ein Wachstumsschub feststellbar.

Doch der Haken an der Sache ist, dass CO_2 nur einer von mehreren Wachstumsparametern ist; ohne Wasser und ausreichende Nährstoffe bringt der gasförmige Booster gar nichts. Obendrein liegt die Wohlfühltemperatur der C3-Pflanzen zwischen 15 und 25 Grad. Wenn sie aufgrund von zu viel Wärme ihre Spaltöffnungen schließen, passiert auch keine Photosynthese.

Bleiben noch die C4-Pflanzen. Ihr Photosynthese-Zwischenprodukt, das Oxalacetat, hat vier Kohlenstoffatome zu bieten. Sie kommen mit höheren Temperaturen und Wasserknappheit zurecht. Die Gräser zählen überwiegend dazu, auch Nutzpflanzen wie Mais und Zuckerrohr. Sie bedecken rund 40 Prozent der Erdoberfläche. Aber auch sie profitieren nicht wirklich von

Nicht nur CO_2 macht das Klima

Es wäre sehr verkürzt, das Kohlendioxid als einzigen Faktor im Klimageschehen zu sehen. Sein Anteil in der Atmosphäre ist wichtig, es gibt aber noch andere Mitspieler. Auf der Erde sind das insbesondere die Geologie und die sich damit ändernden Meeresströmungen. So war früher der Kontinent Antarktika mit Südamerika verbunden. Als diese Verbindung vor 34 Millionen Jahren verschwand, bildete sich eine Meeresströmung rund um die Antarktis aus. Sie war kalt und sorgte dafür, dass es dort kalt blieb. Auch hohe Berge tragen zu kälteren Episoden bei: Wo Schnee und Eis Sonnenlicht reflektieren, bleibt es kühler. Und die Gipfel verändern zusätzlich noch die Winde der Welt.

Auch die Position der Erde selbst trägt zum Klimageschehen bei. Denn unser Heimatplanet eiert in seiner Bahn um die Sonne. Mal ist sein Lauf eher kreisförmig, mal erinnert er mehr an ein Oval. Selbst die Erdachse ist nicht statisch, sondern mal mehr, mal weniger geneigt.

Und schließlich ist da noch die Sonne zu nennen. Auch unser Zentralgestirn beeinflusst die Temperatur auf der Erde. Zum einen, weil sich die Heizleistung der Sonne verändert hat. Ein wenig wie bei einem Ofen, der erst richtig auf Touren kommen muss. Nun ist die Sonne ein besonderer Ofen. Zum anderen spielt eine Rolle, dass die Strahlungsintensität der Sonne im Laufe der Jahre schwankt. Sie folgt langen Zyklen. Sie bringen mal mehr, mal weniger Wärme zur Erde.

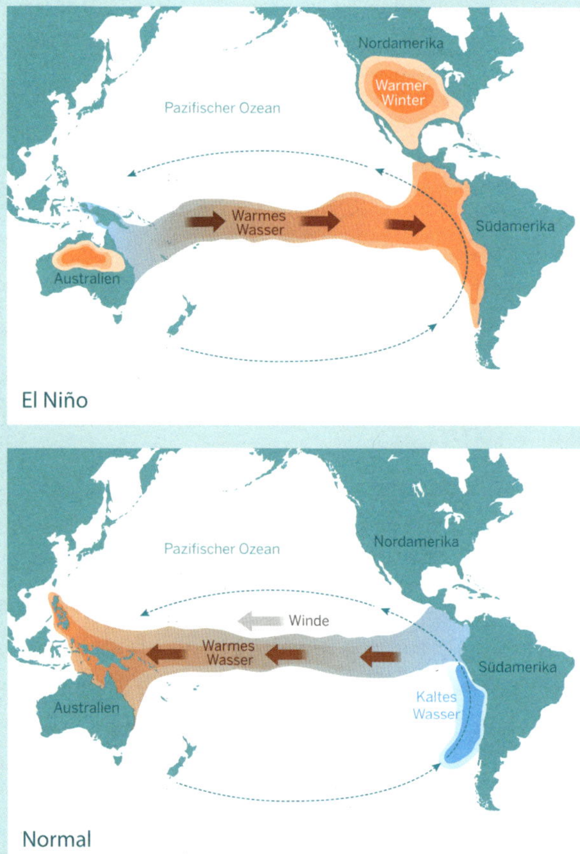

El Niño ist ein Phänomen, bei dem sich sie Meeresströmungen ändern. Das wirkt sich in vielen Regionen der Erde aus; es gibt Dürren, Überschwemmungen und warme Meere, wo vorher eher kühle Meeresströmungen vorherrschten.

steigendem CO_2. Sie sind bereits so gut angepasst, dass sie nicht deutlich mehr produzieren, wenn der CO_2-Anteil weiter wächst.

Die Hoffnungen aller ruhen dennoch auf Pflanzen. Und immer wieder werden Bäume dabei ins Feld geführt, um das CO_2-Vorkommen zu regulieren. Wald ist jedoch beileibe nicht der einzige Akteur im CO_2-Haushalt. Wir nehmen ihn aber als ungemein wichtig wahr, weil Holz zu sehen, zu greifen ist. CO_2, das im Boden oder im Meer verschwindet, bleibt diffus.

Betrachtet man die Gesamtbilanz des Kohlenstoffdioxids auf dem Planeten, zeigt sich, dass der Anteil, der einwandfrei dem Menschen zuzuordnen ist, fast in den globalen Strömen zu verschwinden scheint, auch wenn unser Ausstoß wächst. Mittlerweile sind es jenseits der 40 Milliarden Tonnen pro Jahr, wie die Berichte des Global Carbon Projects zeigen. Das beinhaltet das Verbrennen von Öl, Kohle und Gas, die Produktion von Zement und zusätzliches CO_2, das entsteht, weil wir Landwirtschaft betreiben oder Wälder roden. Demgegenüber gehen insgesamt 507 Milliarden Tonnen Kohlendioxid vom Land in die Atmosphäre, durch Vulkanausbrüche und die Verwesung organischen Materials. 284,8 Milliarden Tonnen kommen aus den Ozeanen. Das Bild scheint zunächst klar: Der Mensch trägt wenig dazu bei. Doch das ist nur die halbe Wahrheit, denn terrestrische Ökosysteme nehmen im selben Jahr 522,2 Milliarden Tonnen auf, Ozeane 291,8 Milliarden Tonnen. Die Natur tut uns einen Gefallen, indem sie hinter uns CO_2 einsammelt. Dennoch bleiben 18,8 Milliarden Tonnen liegen. Oder schweben. Und die sind das Problem. Das Bier zu viel. Die lassen uns zu Geisterfahrern auf unserem Planeten werden.

Das soll die Rolle der Wälder nicht schmälern. Denn immerhin fällt es uns vergleichsweise leicht, Wälder als Kohlendioxidspeicher zu verstehen und auch wieder aufzubauen. Es scheint, wir sind dumm genug, weiter Unmengen CO_2 in die Luft zu pusten – aber klug genug, einen Baum als Helfer zu sehen.

Die wechselvolle Geschichte des Kohlendioxids in, auf und um die Erde zeigt aber auch ein versöhnliches Ende für den Planeten. Falls es der Menschheit gelingt, sich selbst auf die Liste der ausgestorbenen Tierarten zu setzen, pendelt sich alles wieder ein. Es dauert nur ein wenig. Schätzungsweise 400.000 Jahre benötigt die Erde, dann hat sie das CO_2 unseres Lebensstils wieder eingefangen.

Bis es so weit ist, könnten wir selbst etwas zu unserer Rettung unternehmen. Unsere Wälder sind dabei ein natürlicher Verbündeter. Und es wäre geradezu eine Vernachlässigung, sie nur als CO_2-Bank zu sehen. Wie viel mehr in ihnen steckt, schauen wir uns auf den nächsten Seiten an.

Mit Bäumen besser atmen

Es ist so einfach: tief durchatmen. Schön durch die Nase, wahlweise auch den Mund, und spüren, wie sich die Lunge füllt. Wie der Sauerstoff an die Lungenbläschen gelangt, in den Körper sickert und Kohlendioxid als Zeichen der Lebendigkeit die Lunge verlässt. Raus damit. Ein neuer Schwung, ein neuer Atemzug. Zwischen 12- und 20-mal in der Minute ziehen wir Luft ein und geben sie wieder ab. Unser ganzes Leben lang. Vom ersten Moment auf der Welt bis zum letzten Atemzug. Und im Wald ist die Luft besonders gut. Champagner für die Lunge. Oder?

So ist es. Wenn auch anders, als man auf den ersten Schnaufer vermuten würde. Die gute Luft ist in jedem Fall nicht der schlechteste Grund, einem Wald einen Besuch abzustatten. Sie gibt Kraft, ist sauber und hat eine lautlose Note, die jedes Herz höherschlagen lässt. Ja, die Würze des Waldes ist nicht nur ein Marketing-Gag lokaler Tourismusämter oder Forstverwaltungen. Sie ist da und tatsächlich gesund. Überhaupt: Wald ist die beste Klimaanlage, die man sich wünschen kann. Die Bäume reinigen die Luft, speichern Treibhausgase und geben ihr noch eine eigene Aura mit. Das ist eine ganze Menge, die sich im Äther zwischen Buchen und Fichten, Wurzeln und Kronen so abspielt.

Bäume sind Schwerstarbeiter

Angesichts der immer noch steigenden Kohlendioxid-Emissionen geht der erste Blick auf die Leistungen der Bäume, wenn sie uns die Last unserer Treibhausgase abnehmen. Während man als Mensch so gemütlich vor sich hin atmet, arbeiten die Bäume nämlich. Ihre Blattorgane nehmen CO_2 auf und spalten es in Kohlenstoff und Sauerstoff. Sie speichern den Kohlenstoff und geben den Sauerstoff an die Umwelt und damit auch an uns ab. Man kennt das Prinzip. Doch die Mengen, die da in einem Baum, in einem Wald und in der Gesamtheit der Wälder zusammenkommen, sind atemberaubend.

Als Mensch atmen wir pro Tag zwischen 10.000 und 20.000 Liter Luft ein. Ein Fünftel davon besteht aus Sauerstoff, das entspricht also zwischen 2000 und 4000 Litern pro Tag. Aber unser Körper nimmt davon nur einen kleinen Teil ins Blut auf. 17 Prozent der ausgeatmeten Luft macht immer noch Sauerstoff aus. Dafür enthält sie nun unseren ausgeatmeten Stoffwechselabfall: vier Prozent Kohlendioxid. Das heißt, wir verbrauchen zwischen 300 und 600 Liter Sauerstoff pro Tag. Im Durchschnitt und als Orientierung. Wie viel das für jeden Menschen genau ist, hängt von unserem Alter, unserem Gewicht und unserer Art der Bewegung ab.

Auf der anderen Seite haben wir die Pflanzen als Sauerstofflieferanten. Eine Buche im besten Alter von 150 Jahren produziert an einem Tag im Sommer gut 11.000 Liter Sauerstoff. Das heißt, sie liefert genug des absolut lebensnotwendigen Gases für bis zu mehr als 36 Menschen. Eine einzige Buche. Übers Jahr gesehen schneiden Nadelbäume in unseren Breiten sogar noch ein wenig besser ab. Klar, sie tragen ihre Nadeln das ganze Jahr und können dementsprechend häufiger Sauerstoff bereitstellen.

Unterm Strich sind die Blattfläche eines Baumes und seine Wachstumsgeschwindigkeit entscheidende Faktoren, die über seine Qualitäten als Gasaustauscher entscheiden. Mehr Blattfläche bedeutet in der Regel mehr CO_2-Aufnahme und mehr Sauerstoffabgabe. Und je höher die Wachstumsgeschwindigkeit ist, desto höher ist der CO_2-Verbrauch. Natürlich wird dann auch mehr Sauerstoff produziert. Ein Maß, um diese Fähigkeit vergleichen zu können, ist der Blattflächenindex. Er setzt die Blattfläche eines Baumes und die Bodenoberfläche unter einem Baum miteinander ins Verhältnis. Je höher der Blattflächenindex, desto besser ist die Bindung von Kohlendioxid. Der Blattflächenindex einer Douglasie ist mit 10 bis 13 sehr gut im Vergleich zu einer Eiche mit 5 bis 7.

Damit ist klar: Bäume erbringen je nach Art unterschiedliche Leistungen. Das wirkt sich selbstredend auf die Speicherung des Kohlenstoffs aus dem Kohlendioxid aus. Wichtig ist dabei die Schnelligkeit des Wachstums, ein Stück weit aber auch die Qualität des Holzes – die Baumart selbst wirkt sich auf die Speicherung des Kohlenstoffs aus. In einem Wald kommt noch hinzu, wie viele Bäume auf einem Hektar stehen, wie alt sie werden, welche Dimension sie erreichen.

Um das wirklich zu würdigen, noch ein paar Zahlen, wie viel CO_2 ein Mensch so produziert. Das durchschnittliche Atmen bringt zwischen 400 und 800 Liter pro Tag. Im Jahr sind das 146.000 bis 292.000 Liter. Das entspricht 286 bis 573 Kilogramm Kohlendioxid. Ein Liter CO_2 wiegt 1,96 Gramm, ein

Kilo dementsprechend 509 Liter. Als Faustzahl stößt der Mensch jährlich eine halbe Tonne CO_2 aus. Dabei gilt wie immer: Die Werte können bei sehr ruhigen Menschen niedriger und bei sehr aktiven Menschen sehr viel höher liegen.

Neben Atmen verbringen die meisten Menschen den Tag noch mit anderen Dingen. Der Morgenkaffee beispielsweise verursacht rund 100 Gramm CO_2. Ein wenig mehr, nämlich 119 Gramm, erzeugt ein Kilometer Autofahren bei einem Verbrauch von fünf Litern pro 100 Kilometer. Entsprechend mehr CO_2 ist es, wenn das Auto einen höheren Durchschnittsverbrauch hat. Und weniger, wenn es etwa ein Elektroauto ist, das vielleicht noch von eigenem Solarstrom angetrieben wird.

Die Crux ist, dass nahezu alles, was wir im Alltag tun, CO_2 nach sich zieht. Am Tag kommen da locker für jeden Einzelnen 30 Kilogramm an CO_2 beziehungsweise CO_2-Äquivalenten zusammen. Im Jahr 2022 waren das 8,09 Tonnen. Auch das sind Durchschnittswerte für jeden Deutschen und jede Deutsche. Ein Mensch in Indien oder in China hat weniger in seinem CO_2-Rucksack, jemand aus Katar oder den USA mehr. Für Menschen, die bereits sehr sparsam mit ihrem CO_2 sind, etwa auf Flugreisen und Auto verzichten, sich komplett oder teilweise pflanzlich ernähren, können die Mengen auch sehr viel geringer sein.

Dennoch ist das bei mehr als 80 Millionen Menschen in Deutschland eine ganze Menge CO_2, das da anfällt. Heizen, Mobilität, Landwirtschaft, Industrie ... Für das Jahr 2022 kommen laut Berechnung des Umweltbundesamts 746 Millionen Tonnen zusammen. Das ist viel, aber immerhin 1,9 Prozent weniger als 2021 und 40,4 Prozent weniger als 1990.

Zurück zu unseren Bäumen. Spannend ist, wie viel des von uns produzierten Kohlendioxids unsere Waldbäume unschädlich machen können. Aus praktischen Erwägungen ist es aber nicht so einfach, einen Baum in eine Tüte atmen zu lassen. Da hilft nur zurückrechnen. Zum Beispiel nimmt man eine ausgewachsene Buche. Ihr Stamm bringt es auf vier Kubikmeter Holz. Ein Kubikmeter frisches Buchenholz wiegt 1200 Kilogramm, insgesamt sind das 4,8 Tonnen. Für die Rechnung muss das Holz allerdings trocknen und wiegt anschließend nur mehr 2,88 Tonnen. Die Hälfte des Holzes macht Kohlenstoff aus, das ergibt 1,44 Tonnen Kohlenstoff. Um die Menge an CO_2 zu ermitteln, fehlt noch das Gewicht des Sauerstoffs. Dafür muss der Wert nur mit 3,67 multipliziert werden. Das heißt, die Buche hat in ihrem Leben rund 5,3 Tonnen Kohlendioxid aus der Luft entnommen.

Vergleichen wir das mit einer Fichte und nehmen einen Stamm mit demselben Volumen an. Das Fichtenholz ist aber nicht so dicht, deswegen wiegt der

Duft liegt in der Luft

Der Wald selbst produziert Geruch. Das ist nicht verwunderlich, denn Bäume dunsten Verbindungen aus. Das ist ihre Art, Signale zu senden. Sie tun das mehr reaktiv denn proaktiv. Bäume sind mitteilsam, aber keine Plaudertaschen. Ihre Sprache ist die Chemie und ihre Worte sind Terpene. Das ist eine Gruppe aromatischer Verbindungen, die vor allem Nadelbäume produzieren, aber auch einige andere Waldpflanzen wie das Waldvöglein. Sie alle stellen mehr davon her, wenn sie selbst etwa unter Trockenheit leiden.

Der Boden beziehungsweise die Organismen und Prozesse in ihm produzieren ebenfalls Duftstoffe. Das Geosmin hatte bereits im Kapitel »Von großen und von kleinsten Tieren« (S. 27) einen Auftritt. Es gibt aber auch den als weniger angenehm empfundenen, muffigen Geruch im Wald. Er ist ebenfalls das Produkt von Pilzen und Mikroben. Dabei handelt es sich um einen Mix aus verschiedenen organischen Verbindungen. Es gehören Aldehyde dazu, Ketone und die bereits erwähnten Terpene. Auch diese Stoffe sind nicht nur Abfall, sondern dienen Organismen als olfaktorischer Wegweiser.

Daneben steuern natürlich auch die Blüten eines Waldes etwas für die Nase bei. Veilchen, Hundsrose oder Seidelbast beispielsweise. Auch der Bärlauch mit seinem Hauch von Knoblauch oder die Knoblauchsrauke sind unverkennbar. Es muss aber nicht immer gut riechen, was Pflanzen da so hervorbringen; so duftet die Edelkastanie nach Trimethylamin – eine Note, die einen leicht fischigen Charakter hat.

Stamm nur 3,8 Tonnen frisch und gute zwei Tonnen trocken. 50 Prozent sind wieder Kohlenstoff. Auf das CO_2 umgerechnet, kommt heraus: Die Fichte hat 3,67 Tonnen Kohlendioxid aufgefangen.

Das bedeutet, dass es bereits zwei alte Buchen braucht, um nur die Menge CO_2 aufzufangen, die jeder und jede Deutsche in einem Jahr produziert. Noch einmal zum Verständnis: Es braucht die »Sammelleistung« zweier Buchen über einen Zeitraum, in dem drei Generationen von Menschen geboren werden, leben und sterben. Und CO_2 produzieren.

Glücklicherweise haben wir mehr als nur zwei Bäume pro Person. Die dritte Bundeswaldinventur hat 2012 die Daten für Deutschland aufgeschlüsselt. Zum Zeitpunkt der Aufnahme waren 1,169 Milliarden Tonnen Kohlenstoff in lebenden Bäumen und im Totholz gebunden. Das entspricht 4,3 Milliarden Tonnen CO_2. Runtergebrochen auf die Fläche sind das 436 Tonnen CO_2 pro Hektar.

Das Beste daran ist, dass jedes Jahr Holz hinzuwächst. Mit diesem erweiterten Holzvorrat kann der Wald in Deutschland jedes Jahr durchschnittlich 2,2 Tonnen Kohlenstoff pro Hektar zusätzlich speichern. Das haben Berechnungen des Deutschen Forstwirtschaftsrats ergeben. Der Wald hat damit unsere Klimabilanz zwischen 2016 und 2020 um 62 Millionen Tonnen jährlich entlastet. Das ist nicht schlecht, aber es ist leicht zu sehen, dass es nicht mal ansatzweise reicht, um unseren CO_2-Ausstoß auszugleichen.

Die Zukunft des Waldes

Dennoch ist es verlockend, Wald auf die Habenseite zu schreiben. Das Potenzial scheint riesig. Laut einer Studie der Eidgenössischen Hochschule Zürich, die 2019 in der renommierten Fachzeitschrift *Science* veröffentlicht wurde, bräuchte man zur Rettung der Welt nur ausreichend Bäume zu pflanzen. Viele Bäume. In dem Gedankenspiel ist die Grundannahme, dass 4,4 Milliarden Hektar der Erde mit Wald bedeckt sein könnten. Derzeit sind es noch rund 2,8 Milliarden Hektar. Damit wären 1,6 Milliarden Hektar potenziell nutzbar. Bei 0,9 Milliarden Hektar käme man dem Menschen nicht in die Quere. Das entspricht in etwa der Fläche der Vereinigten Staaten, die man weltweit zu Wald machen müsste. Dann hätten diese Bäume genug Macht, 205 Milliarden Tonnen Kohlenstoff zu speichern. Das sind immerhin fast zwei Drittel der von der Züricher Studie berechneten insgesamt 300 Milliarden Tonnen, die die Menschheit seit Beginn der Industrialisierung in die Luft gepustet hat. Es ist ein wirklich charmantes Gedankenspiel. Allerdings sollte man vorsichtig sein. Es wäre unangebracht, die Sorgen Sorgen sein zu lassen. Denn an den Zahlen hängt ein Rattenschwanz an »Abers« dran. Es wäre ja auch zu schön, wenn es so einfach wäre.

Beispielsweise werden die tatsächlichen Mengen, die man mit den gepflanzten Bäumen aus der Luft holen könnte, infrage gestellt. Der Klimaforscher Stefan Rahmstorf hat das alles auseinandergepflückt und näher eingeordnet. Ihm zufolge haben wir wesentlich mehr Kohlenstoff in die Atmosphäre entlassen, nämlich 640 Milliarden Tonnen. Zu unserem Glück haben aber die Ökosysteme stets Unmengen davon gespeichert. Dieser Puffer tritt aber auch umgekehrt ein. Das heißt, wir könnten nicht einfach 200 Milliarden Tonnen gutschreiben. Im besten Fall, wenn es bei elf Milliarden Tonnen Emissionen CO_2 im Jahr bleiben würde, könnten neue Wälder diese Last um zwei bis vier Milliarden Tonnen mindern. Immerhin. Aber auch das hat mehrere Pferdefüße. Denn Bäume sind nicht vom ersten Keimen unmittelbare Klimaschützer. 30 bis 60 Jahre muss man ihnen schon geben. Außerdem muss jemand die Bäume tatsächlich pflanzen. Das kostet Geld und braucht Platz. Schließlich wäre dieses ganze Projekt anzugehen, während sich die Welt weiterdreht und die Klimakrise die Bedingungen verändert.

Nichtsdestotrotz sind Bäume eine wichtige Investition in den Klimaschutz. Das bedeutet zum einen: neue Wälder aufbauen. Und zum anderen: alles daransetzen, dass wir die bestehenden Wälder nicht verlieren. An der Frage, welche Art von Wald denn nun dem Klimaschutz am besten nutzt, arbeiten sich Forstwirtschaft, Wissenschaft und Naturschutz seit Langem ab.

Da gibt es etwa die Auffassung, dass Urwälder in jedem Fall die bessere Treibhausgasbank sind. Sie lassen aber erstens außer Acht, dass in der klugen und verantwortungsvollen Nutzung des angesammelten Kohlenstoffs durch die Nutzung des Holzes auch Chancen für Menschen stecken. Darum geht es im nächsten Kapitel ausführlicher.

Zweitens gibt es in Deutschland keine Urwälder mehr. Es fehlt der Vergleich. Im besten Fall sind unsere Wälder wieder auf einem Weg zu mehr Naturnähe, auch durch eine entsprechende Bewirtschaftung. Aber das dauert. Das heißt, die Wälder haben längst nicht einen Zustand erreicht, in dem ihr Mix aus alten und jungen und toten Bäumen inklusive Boden und Streu und Moosen und sonstigen Pflanzen einst sein Maximum an CO_2 gebunden hat. Aber selbst wenn viele Wälder künftig weitgehend naturnah wären – es ist noch nicht klar, in welchem Umfang sie an der Luftreinigung arbeiten könnten, da unbekannt ist, wie sich der Klimawandel auf die Speicherung von Kohlenstoff in Ökosystemen auswirken wird.

Es fehlt an Forschungen, wie die Aufspaltung des Kohlendioxids und der Abbau denn nun zu berechnen sind. Das Ganze ist eine Gratwanderung. Unterm Strich scheinen Wälder allesamt eine gute Idee zu sein, um Kohlendioxid aus der Luft zu nehmen. Das gilt für Urwälder genauso wie für bewirtschaftete Wälder.

Bei alldem darf man den Waldboden nicht außer Acht lassen. Auch er spielt eine wichtige Rolle in den Überlegungen zum Klimaschutz, denn im Waldboden ist eine Menge Kohlendioxid gebunden. Aber damit ist es noch lange nicht getan. Wald ist auf vielfältige Weise für ein gutes Klima verantwortlich. Das meiste hängt an den Blättern. Im wahrsten Sinne des Wortes: Blätter und Nadeln fischen nicht nur Kohlendioxid aus der Luft. All die Abgase, die unsere Wohlstandsgesellschaft produziert, wabern auch durch den Wald: Stickoxide, Schwefeloxide, Kohlenstoffoxide. Hinzu kommen noch Tonnen von Staub, Rußpartikel und Aerosole.

Die Buche, die uns mit Sauerstoff versorgt, bringt es mit ihren rund 200.000 Blättern auf eine ziemlich große Oberfläche. Entkleidet man den Baum und legt seine Blätter nebeneinander, würde die Fläche gut 1200 Quadratmeter bedecken. Die Haut eines Menschen hat im Vergleich dazu nur eine Oberfläche zwischen 1,5 und 2 Quadratmetern. Diese große Oberfläche der Blätter fegt wie ein riesiger Besen Schmutz aus der Luft. All die Milliarden von Blättern und natürlich Nadeln mit ihrer riesigen Oberfläche sind besser als jeder Hightech-Feudel und können 99 von 100 Teilchen aus der Luft entfernen. An den Blättern einer Buche bleibt auf diese Weise im Jahr eine Tonne Staub hängen. Den vermissen wir bei einem Waldspaziergang sicher nicht.

In der Waldluft schwirren zudem Sporen von Pilzen, Fragmente von Tierhaaren und Pollen umher. Sie bleiben ebenfalls teilweise an Blättern und Nadeln hängen. Das heißt zwar nicht, dass wir, wenn wir an Allergien leiden, ganz unbeschwert durch den Wald gehen können; erst recht nicht in der Nähe blühender Haselnusssträucher, Erlen, Birken oder der Gespinste des Eichenprozessionsspinners. Aber die Luft im Wald kann sich sehen lassen. Nur über dem Meer ist sie reiner.

Es fließt im Wald

Wald macht nicht nur etwas mit der Luft. Blätter, Nadeln, Äste und schließlich der Stamm von Bäumen sind auch wichtig, wenn es um Wasser geht. Wer schon einmal bei Regen in einem Wald unterwegs war, könnte es bemerkt haben. Man wird auf eine andere Art nass als etwa auf einer Wiese. Der Regen fällt auf die Blätter und Zweige. Dicke Tropfen sammeln sich an den Blattspitzen, bis die Schwerkraft sie zu Boden oder in den Nacken eines Wanderers schickt. Sie prasseln auf Gräser und Büsche. Das Wasser rinnt in Bändern an den Stämmen hinunter, sammelt sich am Fuß des Baumes.

Wald beherbergt einen komplexen Wasserkreislauf. Nicht der gesamte Regen erreicht den Boden. Das Nass verdunstet teilweise am Baum und wird gleich wieder von der Luft aufgenommen. Wie das alles passiert, hängt natürlich auch von den Baumarten ab, die den Wald bilden, und von den Jahreszeiten. Nehmen wir eine Eiche: In einem belgischen Eichenwald haben

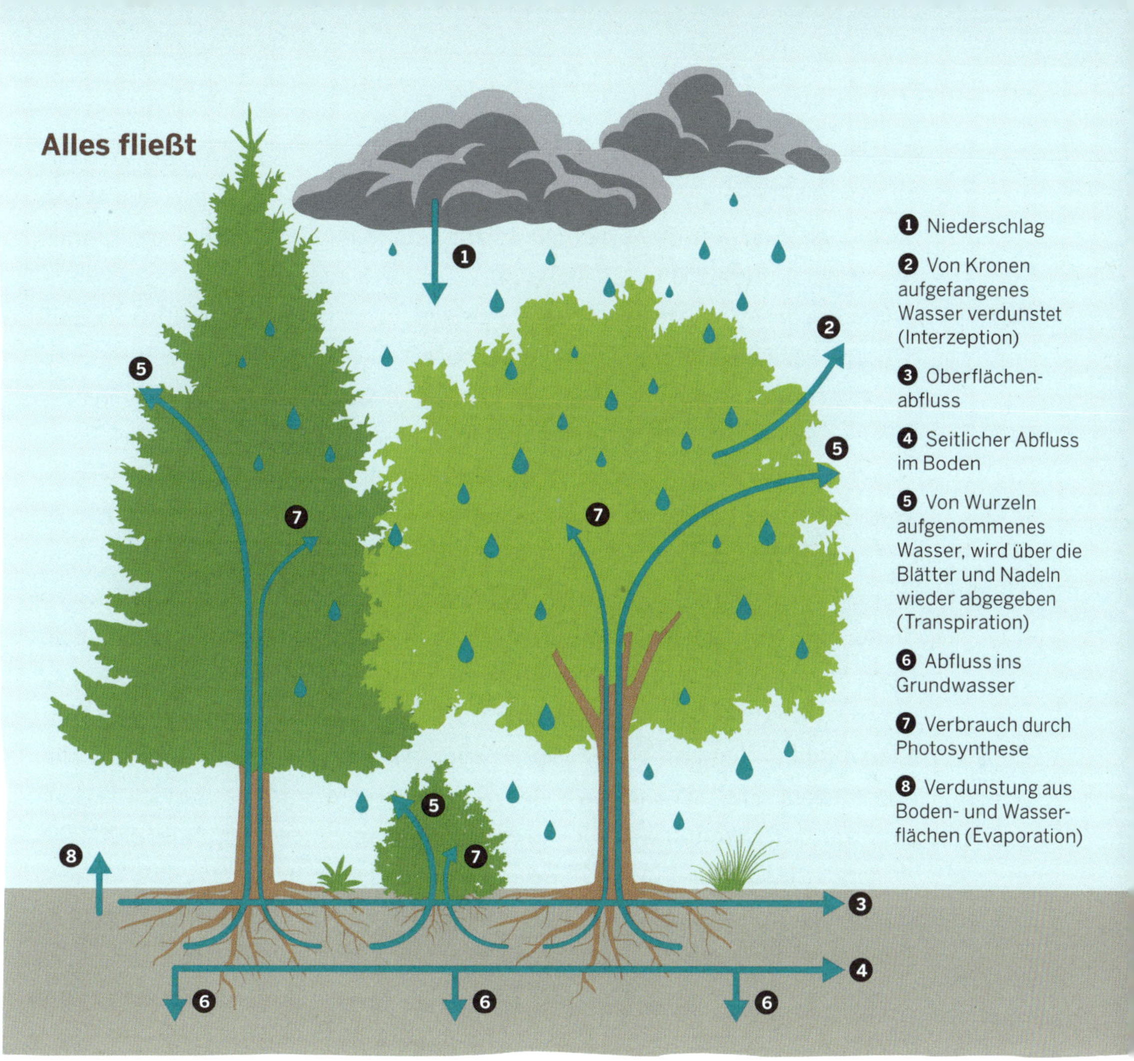

Ein Wald wirkt wie ein Zwischenspeicher. Das Wasser vom Himmel gelangt nicht so rasch auf den Boden. Und es läuft nicht so schnell wieder ab. Die Bäume sind ein Puffer. Zudem filtert das Ökosystem das Wasser.

Forscher des Centre d'écologie générale in den 1960er Jahren den Weg des Wassers aufgezeichnet.

Bei einem Sommerregen fallen rund 100 Liter auf besagte Eiche. 22 Liter bleiben an den Blättern kleben und verdunsten ziemlich bald. Forstleute nennen diesen Vorgang Interzeption. Noch ein Prozent verschwindet über die Interzeption der Krautschicht. Das sind die Regentropfen, die so hübsch auf Blüten und Grashalmen balancieren.

Rund 74 Liter fallen von den Blättern herunter bis auf den Boden. Fast vier Prozent des Regens fließen den Stamm herab. Am Ende eines Schauers haben gut 77 Liter den Boden erreicht. Doch der Baum nimmt einen Teil des Wassers wieder auf, um es in seinen Blättern zu verdunsten; 58 Liter sind das, zusammen mit dem einen Liter, der aus dem Boden verdampft. Etwas mehr als

18 Liter versickern schließlich im Boden. Sie können das Grundwasser befüllen. Das ist das Szenario, wenn die Bäume ihr Laub tragen. Im Winter, wenn die Blätter herabgefallen sind, landen sogar 89,5 Liter von 100 auf dem Boden. Nur 10,5 Liter verdunsten, weil sie an Stamm und Ästen hängengeblieben sind. 12 Liter transpiriert der Wald. Und 76,7 Liter können im Boden versickern. Gerade der Winter kann Grundwasser, Bäche und Flüsse speisen.

Eine Fichte hingegen hält viel mehr Wasser zurück. An ihren Nadeln bleiben 27 von 100 Litern des Regens hängen. Es gibt praktisch keinen Stammabfluss, da die Zweige das Wasser vom Stamm wegführen. Zudem ist die Interzeption sommers wie winters höher als bei Laubbäumen. Der Baum ist schließlich immergrün.

Übers Jahr gesehen verdunsten Fichten 70 Prozent des Niederschlags. Das haben Erhebungen des Solling-Projektes, eines Pionier-Vorhabens zur Ökosystemforschung in Deutschland, schon in den 1960er und 1970er Jahren ergeben. Fichten gehen mit der knappen Ressource Wasser geradezu verschwenderisch um. Dazu passt, dass eine Fichte viel mehr Wasser braucht, um ein Kilogramm Pflanzenmasse zu erzeugen. 220 Liter sind notwendig. Eine Buche ist da sparsamer; sie braucht nur 180 Liter für ein Kilogramm. Das kann gerade in Zeiten, in denen Wasser knapp und knapper wird, entscheidend für das Überleben sein.

Dabei geht es nicht nur um das Überleben des Waldes selbst. Die Wassermaschine Wald ist als Ganzes entscheidend für den Wasserkreislauf. Wald wirkt als Puffer und Wassersammler. Abhängig von der Baumart ist ein Hektar Wald in der Lage, zwischen 80.000 und 160.000 Kubikmeter Grundwasser zu bilden. Außerdem hilft der Wald beim Verarbeiten selbst starker Niederschläge in Kaskaden, sodass Überschwemmungen sich nicht so leicht aufbauen können. Bäume, Büsche, Blumen und Boden, stehendes und teils schon vermodertes liegendes Totholz und vor allem Moose halten Wasser zurück und geben es peu à peu ab. Sie sind wie ein Schwamm.

Wald erfüllt darüber hinaus noch eine Funktion als Wasserfilter. Die in der Regel feinere Bodenstruktur, die Wurzeln und die biologische Aktivität und schließlich der Humus fangen Stoffe ab. Wasser aus Wäldern zeigt beispielsweise eine wesentlich geringere Belastung mit Nitrat als solches aus dem Freiland. Sobald ein Wald seine Bäume verliert, schnellt allerdings der Nitratanteil im Wasser nach oben. Ein Wermutstropfen – dennoch sichert der Wald allein durch sein Dasein die Qualität des Grundwassers.

Komplett ist das Bild, wenn man sich die Verdunstung der Blätter und Nadeln genauer anschaut und den enormen Effekt auf die Kühlung eines Waldes.

Wenn Wasser vom flüssigen in den gasförmigen Zustand wechselt, braucht das Energie. Schwitzen folgt diesem Prinzip. Und auch wenn Bäume Wasser verdunsten, sinken die Temperaturen. Hinzu kommt, dass die Kronen Schatten werfen. Sie halten die Sonnenstrahlung davon ab, den Boden zu erwärmen. Ein weiterer Grund, warum Menschen gerade im Sommer Wald als angenehm kühl empfinden. Vier Grad ist es weltweit im Durchschnitt auf einer Wiese oder einem Feld wärmer als im Wald nebenan, wie Daten eines europäisch-amerikanischen Forschungsprojektes unter Beteiligung der Eidgenössischen Forschungsanstalt für Wald, Schnee und Landschaft zeigen. Sogar zehn Grad kann der Temperaturunterschied zwischen einem Wald und einer Stadt ausmachen. Wer eine Stadt kühlen will, sollte vom Wald lernen.

Besonders Wasserdampf ist ein wichtiger Faktor im Klimageschehen. Wald spielt dabei eine Rolle. Klar, das dort verdunstende Wasser kühlt erst einmal. Aber in der Atmosphäre ist der Wasserdampf mal Schutzschirm gegen Sonnenstrahlung, mal warme Decke. Je nachdem, ob er die Strahlung nach oben oder unten reflektiert. Wälder produzieren gewissermaßen ihre eigenen Wolken, indem sie die schon beschriebenen Unmengen an Wasser in die Luft pumpen. Der Regenwald am Amazonas etwa verdunstet 20 Billionen Liter Wasser – täglich. Das ist mehr Wasser, als der Amazonas selbst zum Meer trägt. Intakte Wälder machen Regen in vielen Regionen zuverlässiger.

Am Ende ist Wald zwar ein mächtiger Verbündeter in der Klimakrise, aber man darf seine Rolle nicht überbewerten. Und niemand sollte sich darauf verlassen, dass allein Bäume pflanzen das Problem lösen wird.

Wälder sind in der Lage, Klima zu ändern. Sie können Kohlendioxid aus der Luft ziehen, sie verändern das Wetter vor Ort und noch in großer Entfernung. Der Mensch muss damit leben. Er kann das Geschehen aber ein Stück weit mitgestalten. Zum Beispiel, indem er weniger Kohlendioxid ausstößt, Wälder erhält, und auch, indem er Wälder nutzt. Darum soll es im nächsten Kapitel gehen.

Auf die lange Bank – vom Kohlenstoff im Holz

Wer in Deutschland nach Bäumen aus dem Mittelalter sucht, kann in Quedlinburg oder auch in Esslingen fündig werden. Und in einer ganzen Reihe von Städten, in denen noch Häuser aus einer Zeit stehen, die viele hundert Jahre vorbei ist. Wälder der Vergangenheit sind in ihnen konserviert. Denn Holz war Allerweltsbaustoff und ist heute noch in altem Fachwerk und Dachkonstruktionen omnipräsent.

Quedlinburg und Esslingen nehmen beide für sich in Anspruch, dass dort jeweils die ältesten Holzhäuser Deutschlands zu sehen sind. In Quedlinburg, einer Stadt in Sachsen-Anhalt, die viele alte und noch ältere Fachwerkhäuser vorweisen kann, steht unter der Adresse Hölle 11 ein Gebäude, das 1233 erstmals urkundlich erwähnt wurde. Es hat viele Umbauten, Anbauten und Neubauten erlebt und ist noch immer bewohnt. In seinem Innern sind Balken verbaut, die man mit Hilfe der Dendrochronologie recht gut datieren kann. Bei dieser Methode vergleicht man die Jahrringmuster von Hölzern. Wann die Bäume in unseren Breitengraden gut und wann sie weniger gut gewachsen sind, zeichnet sich dort praktischerweise ab. Bäume führen damit eine Art Tagebuch. Betrachtet man diese Muster über die Jahrhunderte hinweg, überlappen sie sich, wie auch die Lebenszeiten der Bäume, und erlauben es, den Hölzern Jahre zuzuordnen. Der letzte Ring markiert dann den Zeitpunkt, an dem Axt oder Säge den Baum fallen ließen. In Quedlinburg sind wohl diejenigen Bauteile aus Eiche im Jahr 1215 geschlagen, die aus Fichte 1230.

Der andere Aspirant auf den Titel des ältesten Hauses, das Gebäude in Esslingen in der Heugasse 3, ließ sich per Dendrochronologie auf das Jahr 1261 datieren. Auch dieses Haus haben seine Bewohner immer wieder verändert. Kaum etwas ist von der ursprünglichen Ansicht übrig. Aber das Holz beziehungsweise ein Teil der Holzkonstruktion ist noch original erhalten und erfüllt seit gut 800 Jahren seinen Zweck. Eine solche Zeit wagen moderne Baustoffe nicht zu garantieren. Nimmt man etwa Beton, sieht die DIN-Norm 1045 im Anhang F bei privaten Bauvorhaben in den Anforderungen eine Lebens-

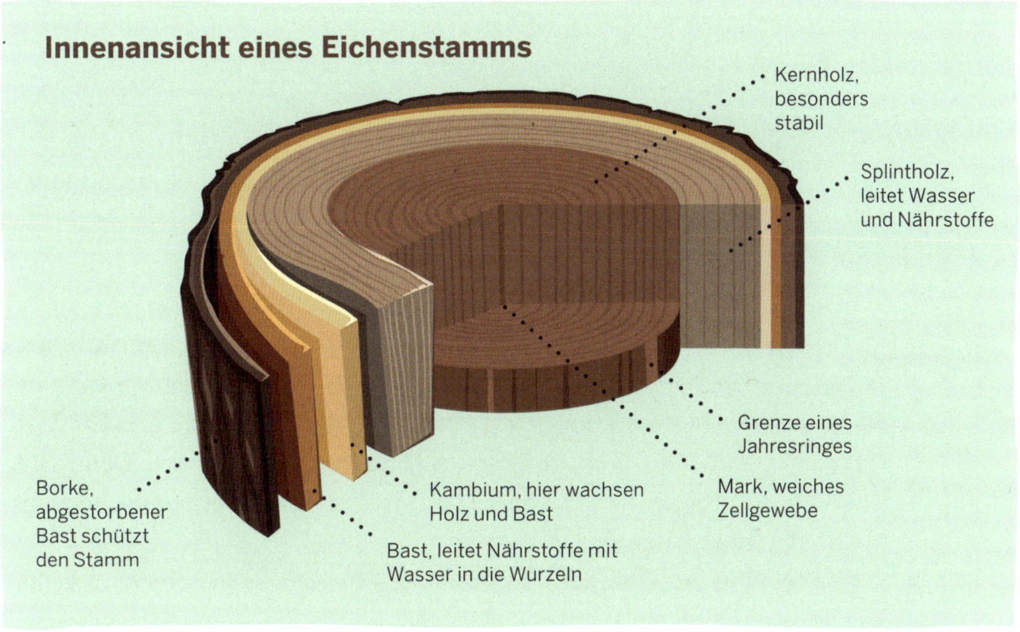

Der Baumstamm dient als Hauptstütze für den Baum und trägt das gesamte Gewicht der Äste, Blätter und Früchte. Er dient dem Transport von Wasser und Nährstoffen von der Wurzel zu den Blättern beziehungsweise zu den Nadeln.

dauer von 50 Jahren vor. Der Fairness halber sei dazugesagt, dass glücklicherweise nicht alle Betonbauten nach Ablauf dieser Zeitspanne gleich zusammenbrechen.

Häuslebauer des Mittelalters haben schon damals Holz aus alten Gebäuden wiederverwendet. Es könnte also sein, dass selbst in jüngeren Häusern sehr viel ältere Bäume ihre letzte Ruhe gefunden haben. Das Haus muss nicht unmittelbar nach dem Fällen gebaut worden sein.

Das Baumaterial Holz scheint beinahe für die Ewigkeit gemacht. In Japan steht das bis dato älteste Holzgebäude der Welt. Die Pagode des Hōryū-ji-Tempels in Ikaruga hat fünf Stockwerke und ist 32,50 Meter hoch. Den Baum im Zentrum des imposanten Gebäudes, eine Hinoki-Scheinzypresse, haben fleißige Hände bereits im Jahr 594 gefällt. Zu einem Zeitpunkt, als Europa gerade von der Antike ins Mittelalter gerutscht ist. Seit 1400 Jahren erfüllt das Holz seinen Zweck.

Noch älter sind hölzerne Brunneneinfassungen, die man bei Erdarbeiten im Raum Leipzig gefunden hat. Viereckig aus dicken Eichenbalken zusammengesetzt, haben sie mehr als 7000 Jahre im Untergrund überdauert. Ein wenig abbürsten, und sie sehen fast wieder aus wie neu. Nach Ergebnissen der Dendrochronologie hatten die Erbauer des Brunnens die Bäume zwischen 5206 und 5098 vor Christus gefällt. Noch heute ist zu erkennen, wie präzise sie dabei mit ihren Steinbeilen gearbeitet haben. Das Holz hat ihre Kultur überdauert und erlaubt einen kleinen Einblick in ihre Techniken.

Es geht aber immer noch älter. Goldsucher fanden 1894 im Shigir-Moor im Norden von Jekaterinburg, weit in Russlands Osten, eine Menschenfigur aus Lärchenholz. Ursprünglich war sie wohl 5,30 Meter hoch, heute misst sie noch 3,80 Meter. Sie ist aus einem einzigen Stamm gearbeitet. Ein runder Kopf sitzt dabei auf einem schlanken Körper, der mit Zickzack-Mustern verziert ist. Die Beine sind gekreuzt. Mehr als 100 Jahre stand sie nahezu unbeachtet im Heimatmuseum von Jekaterinburg. Als man sie genauer unter die Lupe nahm, mochte erst niemand glauben, wie alt sie war. Erst hieß es 9500 Jahre, dann 11.500. Neue Untersuchungen deuten auf ein Alter von 12.500 Jahren hin. Niemand hatte für möglich gehalten, dass Menschen zu dieser Zeit so etwas leisten konnten. Das Holz hat eine ganze Region in ein neues Licht getaucht.

Eine Ewigkeit haben all diese Holzstücke überdauert. Spannend ist daran nicht nur, dass diese Artefakte so lange existieren. Sondern auch, wie lange sie damit schon Kohlenstoff speichern. Tausend Jahre und länger können Bäume Kohlendioxid aus der Atmosphäre holen und als Kohlenstoff aufbewahren. Wenn das Holz nicht gerade verrottet oder in Flammen aufgeht, ist das eine sehr lange Zeit. Mit dem Wissen und dieser Eigenschaft könnten wir uns wertvolle Jahre erkaufen, in denen die Zivilisation noch nicht dem Hitzetod entgegengeht.

Wunder des Holzhandwerks

Wie das geht, haben die Menschen der Vergangenheit vorgemacht. Jahrtausendelang waren die meisten Alltagsgegenstände aus Holz. Letztendlich sind auch Bücher, also solche aus Papier, irgendwann einmal gewachsenes Pflanzenmaterial. Für uns ist die Allgegenwärtigkeit des Werkstoffs Holz sehr weit weg. Wir haben Möbel aus Holz, ein wenig Wohnungsschmuck, Holz findet sich in manchen Hauskonstruktionen, Stiften. Aber in unserem Alltag hat Plastik auf Erdölbasis längst dem Holz als Allerweltsrohstoff den Rang abgelaufen.

Auch die feinere und die gröbere Mechanik der Vergangenheit basiert auf Holz. Mühlen haben Wind- oder Wasserkraft mit Hilfe von Holzkonstruktionen eingefangen und über Getriebe Mühlsteine bewegt. Die Mühle sicherte und ermöglichte ein immer ausgeklügelteres System der Arbeitsteilung. Mehl wurde zur Ware. Obendrein ist der Mechanismus, der einen Mühlstein bewegt, geeignet, um als Blaupause für die Energieversorgung der vorindustriellen Welt zu dienen. Egal ob mechanische Sägen, Holzhämmer der Walkmühlen, Blasebälge in den Schmieden, Schöpfräder und Aufzüge in Bergwerken – alles basierte auf hochkomplexer Holzmechanik mit Nockenwellen, Umkehrgetrieben und Zahnrädern.

Geradezu virtuos haben Schiffbauer den Werkstoff Holz eingesetzt. Neben langen, geraden Tannen oder Fichten waren vor allem Eichen begehrt. Solche Stämme mussten zwischen 70 und 110 Zentimeter Mittendurchmesser haben und zwischen zehn und 13 Meter lang sein. Doch nicht nur die Stammstücke waren begehrt; auch Zwiesel oder krumme Stammabschnitte fanden ihre Abnehmer, ja sie wurden regelrecht gesucht. Denn das Holzbiegen war in der Vergangenheit keine große Kunst. Man setzte bei Bauteilen am Bug oder Heck auf den natürlichen Schwung eines schiefen Baumes. Das war stabiler, als das Bauteil aus einem geraden Stück herauszuschneiden und dabei den Faserverlauf zu durchtrennen. Welthandel wäre ohne Holz undenkbar gewesen.

Das sieht nach einer Chance aus. Da könnte man beinahe euphorisch werden. Lasst uns die Bohrlöcher schließen, wir steigen wieder ins Holzzeitalter ein! Es scheint verlockend, den Alltag wieder auf Holz umzustellen. Es ist im Allgemeinen so viel schöner als Gegenstände aus Plaste. Holz hat als Werkstoff besondere Eigenschaften.

Bevor man dieser Euphorie nachgibt, braucht es noch ein paar klärende Worte zu den Ausgangsbedingungen. Denn einfach auf »Alles aus Holz« zu setzen, mag charmant sein, birgt aber auch das Risiko einer Milchmädchenrechnung. Denn es kommt nicht nur auf den Fakt an, dass etwas aus Holz ist. In die Überlegung muss mit eingehen, woher das Holz stammt. Einen Urwald zu roden, nur um einen Wirtschaftswald zu pflanzen, ist beispielsweise nicht zielführend. Urwälder müssen global zu einem möglichst großen Anteil erhalten bleiben. Sie sind für den Klimaschutz wichtig, aber auch für den Artenschutz, da nur hier zahlreiche biologische Prozesse ungestört ablaufen können.

Das bedeutet keineswegs, jegliche Waldnutzung abzulehnen. Holz aus nachhaltiger Forstwirtschaft und naturnaher Bewirtschaftung ist gerade kein Raubbau und schützt wie die Urwälder auch das Klima. Da sind wir heute ein Stück weiter als die Holzfäller der Antike, des Mittelalters oder der Frühen Neuzeit. Die hohe Nachfrage nach Holz hat vor allem in den letzten Jahrhunderten viele Gegenden geradezu verwüstet zurückgelassen. Mittlerweile nehmen Forstverwaltungen in Mitteleuropa den Grundsatz Hans Carl von

Schiffbau erzeugte eine hohe Nachfrage nach Holz. Genauso wie Bergbau und Salzgewinnung. Das hat zu Raubbau geführt und letztendlich die Forstwirtschaft hervorgebracht.

Von dicken Bäumen und dem Holländermichel

Einst beherrschten die Niederlande weite Teile des Handels. In ihren Häfen konzentrierten sich Schiffbau und Holzmärkte. Die niederländische Nachfrage nach Holz war über Jahrhunderte so groß und wichtig für die Forstwirtschaft in Deutschland, dass sich der Begriff »Holländer« für lange und dicke Stämme durchgesetzt hat. Die Stämme kamen aus dem Schwarzwald, dem Frankenwald und sogar aus der Schweiz. In mächtigen Flößen trieben sie den Rhein hinunter. Kein Wunder, denn die niederländische und auch die britische Handels- und Kriegsmarine brauchten Unmengen davon. Für ein einziges nicht allzu großes Kriegsschiff brauchte es 4000 bis 5000 Eichen. Allein die Holländer fuhren mit rund 35.000 größeren und kleineren Schiffen um die Welt. Kein Wunder, dass viel Geld mit dem Holz verdient wurde. Und dass der bärenstarke und geschäftstüchtige Holzhauer Michel als Holländermichel Eingang in die Sagenwelt gefunden hat.

Carlowitz' ernst, Holz aus dem Wald zu nehmen, ohne ihn zu stören oder gar zu zerstören. Diese naturnahe Bewirtschaftung lebt von den Zinsen, nicht vom Kapital.

Laut der letzten Bundeswaldinventur von 2012 wachsen pro Jahr in Deutschland 121,6 Millionen Kubikmeter Holz hinzu. 76 Millionen werden geerntet. Das wären umgerechnet locker 1,9 Millionen Waggons. Ein Zug von 18316 Kilometer Länge würde entstehen, das entspricht der Entfernung zwischen Berlin und Auckland auf Neuseeland.

Das ist viel Holz. Der Rest des Zuwachses mehrt den Vorrat lebender Bäume im Wald oder fällt in die Menge absterbender Bäume. Das heißt, die

Menge an Holz im Wald wächst. Da hat sich einiges angesammelt. Nicht etwa Skandinavien hat das meiste Holz. In Deutschland stehen 3,9 Milliarden Kubikmeter Holz davon, mehr als in allen anderen Ländern der Europäischen Union. Auf den Hektar umgerechnet sind das 336 Kubikmeter – auch ein Spitzenwert. Vom Thünen-Institut kommt die passende Umrechnung: Mit dieser Menge Holz ließe sich ein drei mal drei Meter hoher Turm bis hinauf zum Mond bauen.

Genug Holz wäre demnach da, um dem Werkstoff nicht nur zu einer Renaissance zu verhelfen, sondern ihn sogar als Chance zur Weltrettung zu sehen. Jetzt ist nur die Frage, wie man ihn am besten nutzt, dass das Kohlendioxid möglichst lange aus der Atmosphäre entfernt ist.

Erste Wahl für den Klimaschutz: ein Haus aus Holz

Bauen mit Holz hat gleich mehrere Vorteile. Zunächst einmal: Es spart Beton und Stahl. Beides sind beliebte Werkstoffe, die aber erheblich CO_2 nach sich ziehen. So braucht es für Beton, der im Grunde eine Art Kunststein ist, eine Basis aus kleinen Steinen sowie Sand und Zement. Wasser dazu, gut umrühren, die Masse härtet aus – fertig. Doch Zement ist eine wahre CO_2-Schleuder; Kalkstein muss dazu pulverisiert und bei 1450 Grad gebrannt werden. Dafür braucht es nicht nur Unmengen an Energie, beim Brennen selbst setzt der Kalkstein Kohlendioxid frei. Er wird »entsäuert«, wie es heißt. Am Ende ist die Beton-Industrie für sechs bis acht Prozent der weltweiten Treibhausgasemissionen verantwortlich. Zusammen mit dem Baustahl sind es sogar 14 Prozent der Emissionen.

Moderne Holzhäuser könnten da aus der Klimafalle helfen. Das Kohlendioxid wäre mit der Nutzung eines nachwachsenden Rohstoffes erst einmal verräumt, auf Jahrzehnte gebunden. Damit würde Wohnraum entstehen, der auch das Klima schützt. Das Potenzial ist groß. Zurzeit sind rund 20 Prozent der Neubauten in Deutschland Holzhäuser. Da kommt einiges an eingefangenem Kohlendioxid zusammen. Ein normales Einfamilienhaus mit 120 Quadratmeter Wohnfläche könnte mit 40 Kubikmeter Holz gebaut werden. Der Einfachheit halber rechnen wir mit einer Tonne Kohlendioxid pro Kubikmeter. Das heißt, in so einem Haus ist mit 40 Tonnen gut die Menge gebunden, die fünf Durchschnittsdeutsche in einem Jahr produzieren. Das Klimagas wird wenigstens 80 bis 100 Jahre sicher verwahrt sein. Bei guter Pflege sind locker ein paar hundert Jahre drin, wie die Häuser in Quedlinburg oder Esslingen zeigen.

Und nicht nur das. Allein weil Herstellung und Transport der Baumaterialien eines viel geringeren Aufwands bedürfen, kommt ein Holzhaus auf eine CO_2-Ersparnis von 80 Tonnen. Das sagt eine Studie aus Nordrhein-Westfalen, die ein Einfamilienhaus in der Holzvariante mit einem in klassischer Bauweise verglichen hat.

Weltweit gibt es bereits Konstruktionen, die einem den Atem verschlagen. Holzbau hat sich sehr weit entwickelt. Brettschichtholz, Konstruktionsvollholz oder Brettsperrholz erlauben Bauweisen, die stabiler sind, weniger arbeiten und weniger anfällig für Schäden durch Pilze sind. Holzwerkstoffe erweitern das Spektrum des gewachsenen Rohstoffs. Da gibt es den Klassiker, die Faserplatte. Und allerhand Varianten, die sich etwa in Faserlänge, Bindemitteln und Beschichtung unterscheiden. Für beinahe jeden Zweck existiert eine technische Lösung aus Holz. Eine ist sogar kugelsicher: Panzerholz heißt nicht zum Spaß so und kann durchaus mit Stahl mithalten.

Architekten und Architektinnen zeigen, was mit modernem Hightech-Holz so alles möglich ist. Im norwegischen Brumunddal steht beispielsweise ein regelrechter Wolkenkratzer aus Holz; mit 85,4 Metern ist das Mjøstårnet das derzeit höchste Holzhochhaus der Welt.

Auch in Berlin will das Berliner Unternehmen UTB Projektmanagement ein WoHo, ein Wohnhochhaus aus Holz, bauen. Es soll mit seinen 98 Metern und 29 Etagen neben dem Anhalter Bahnhof in der Nähe des Potsdamer Platzes in den Himmel ragen.

Noch fantastischer mutet das Projekt Urban Sequoia an. In diesem Planspiel des Architektur- und Designbüros Skidmore, Owings & Merill wird ein Haus direkt zu einem Baum. Das Gebäude besteht aus nachwachsenden Rohstoffen, was schon einmal den CO_2-Fußabdruck verringert. Doch das Gebäude kann noch mehr. In die Fassade sind Pflanzen und Elemente, in denen Algen wachsen, integriert. Zudem ist es mit CO_2-Sammlern ausgestattet, die das Kohlendioxid filtern und zum Beispiel in der Industrie verwertbar machen. Pro Jahr sollen damit zusätzlich 1000 Tonnen aus der Luft genommen werden. Die Macherinnen und Macher entwerfen in ihrer Vision sogar ganze Städte, die gleich einem Wald sehr viel CO_2 auf der Fläche einfangen. Noch ist das allerdings nur ein Entwurf, aber einer, der zeigt, was mit dem Vorbild Wald und dem Werkstoff Holz möglich ist.

Neben dem Bauen mit Holz, wie Gott es mehr oder weniger schuf, bieten sich weitere Chancen. Arboform heißt eine besondere Entwicklung. Es wird auch als flüssiges Holz bezeichnet. Der Stoff aus Lignin und Cellulose lässt sich in Form gießen, walzen oder ziehen. Schon in den 1960er Jahren

So viel CO_2 steckt im Alltag

Haus: Ein Holzhaus spart gut 80 Tonnen CO_2.

Auto: Ein Auto erzeugt pro Kilometer gut 150 Gramm CO_2.

Stuhl: Ein Stuhl von drei Kilogramm speichert 6,9 Kilogramm CO_2.

Buch: Ein Buch von einem Kilogramm speichert 2,3 Kilogramm CO_2.

Streamen eines Films: Eine Stunde erzeugt gut 400 Gramm CO_2.

Sonntagsbraten: Pro Kilo frischen Schweinebraten entstehen 3,25 Kilogramm CO_2.

Waschmaschine: Ein 60-Grad-Waschgang verursacht gut 600 Gramm CO_2.

Tasse Kaffee: Dabei fallen 100 Gramm CO_2 an.

Speicherung eines Baumes: Eine Buche hat während ihres Lebens gut 5,3 Tonnen CO_2 aufgefangen.

Wald leistet einen wichtigen Teil, um Kohlenstoff wieder aus der Luft zu bekommen. Doch das ist gar nicht so einfach, denn geradezu alle Dinge, Dienstleistungen und Annehmlichkeiten des modernen Menschen ziehen eine Spur aus Kohlendioxid nach sich.

wurde in der DDR mit Mykoholz ein eigener Werkstoff geschaffen. Dabei hat man Pilze gezielt Teile des Holzes abbauen lassen und das Material dann mit Kunstharz konserviert.

In Texas haben Forscherinnen und Forscher ein Super-Holz geschaffen, indem sie das Lignin durch hochporöse metallorganische Mikropartikel ersetzt haben. Der Werkstoff ist stabiler als das Ausgangsholz und läuft nicht Gefahr zu verrotten.

Obendrein zieht die neue innere Struktur zusätzlich CO_2 aus der Luft. Der Baustoff wäre eine weitere sammelnde Treibhausgassenke.

Die Nutzung von Holz sollte heute vor allem im Zeichen des Klimaschutzes erfolgen. Forscherinnen und Forscher des Potsdam-Instituts für Klimafolgenforschung haben sich dazu Gedanken gemacht. Demnach könnte man bis zum Jahr 2100 mehr als 100 Milliarden Tonnen Kohlendioxid einsparen, wenn die Menschen in Zukunft in Häusern aus Holz statt in solchen aus Stahl und Beton wohnen würden. Damit wären wir unseren Klimazielen zumindest ein wenig näher gerückt. Doch das Holz dazu muss auch wachsen. Das Institut für Klimafolgenforschung hat dafür die Wiederbewaldung von 140 Millionen Hektar im Blick.

Das wäre schon einmal was. Wie dauerhaft Bäume Kohlendioxid aus der Luft ziehen können, zeigt schließlich das Erdzeitalter des Karbons. Die Wälder haben das CO_2 einer ganzen Epoche als Steinkohle für ein paar Millionen Jahre konserviert. Dumm nur, dass der Mensch es in rund 200 Jahren wieder in die Atmosphäre verfeuert hat.

Zum Heizen fast zu schade

Die Frage ist nun, auf welche Weise unsere Gesellschaft weiterleben will. Jeder Mensch will ein Dach über dem Kopf, er muss essen und er braucht Energie, und sei es nur, um sich einen Kaffee zu machen. Und am Ende liefert Wald diese Energie. All das gespeicherte Sonnenlicht lässt sich mit Hilfe eines Feuers hervorkitzeln. Praktisch ist, dass dabei nur so viel CO_2 entsteht, wie der Baum vorher gespeichert hat. Das Heizen mit Holz boomt: Im Jahr 2005 gingen 40 Prozent der EU-Holzernte in Rauch auf, 2018 wurden bereits fast 55 Prozent verbrannt. Fürs Klima scheint das gut zu sein: So spart Holz rund 32 Millionen Tonnen CO_2-Äquivalente im Vergleich zu fossilen Energieträgern ein. In Deutschland nutzen bereits mehr als 5,5 Millionen Haushalte Holzscheite, Pellets oder Hackschnitzel zum Heizen.

Es ist verlockend, Holz als ultimativen und klimafreundlichen Brennstoff zu sehen. Doch das wäre zu einfach. Holz ist nicht immer und in jedem Fall eine gute Wahl oder die beste Alternative. Als kritisch gelten insbesondere drei Bereiche: die Herkunft des Holzes, die Verbrennung selbst und der damit einhergehende Ausstoß von Rauch und Kohlendioxid und die Frage, ob Holzverbrennung tatsächlich als CO_2-neutral gelten kann.

Alle drei Bereiche bieten Zündstoff und Raum für heiße Diskussionen. Auch hier ergibt sich der beste Umgang mit dem brennenden Span leicht, wenn man den Klimaschutz an erste Stelle setzt. Mit der Verbrennung von nachhaltig produziertem Holz können fossile Energieträger, die ansonsten zum Einsatz kämen, substituiert werden. Dies ist gut für den Klimaschutz. Forstverwaltungen und Waldbesitzerinnen und -besitzer haben in ihren Wäldern auch Holz, das leicht als Brennmaterial dienen kann. Das ist eine sichere Einnahmequelle, die die Forstbetriebe für Walderhalt und -pflege benötigen. Dementsprechend sollte man Holz als Brennstoff nicht ausschließen. Doch ebenso wie bei der Nutzung als Werkstoff braucht es ein paar Überlegungen dazu, und manchmal sollte auch Kritik erlaubt sein. Das könnte dazu führen, dass man sich wohl oder übel von einigen lieb gewonnenen Gewohnheiten verabschieden sollte.

In Deutschland gelangt Holz auf verschiedene Art und Weise in die Öfen. Holzheizung ist nicht gleich Holzheizung. Klassisch sind die Scheite, die Öfen oder Kamine füllen. Sie machen den Löwenanteil aus. Dann gibt es Heizungen, die Pellets oder Hackschnitzel verbrennen. Hackschnitzel sind klein geschredderte und getrocknete Holzchips, zu Pellets zusammengepresste kleine Würmchen aus feinen Holzpartikeln. Häufig ist das Holz, das als Abfall deklariert wird und etwa im Sägewerk anfällt.

Schon ist man bei der Frage der Herkunft. Im vergangenen Jahr ist der Raubbau in rumänischen Wäldern in die Kritik geraten. Offiziell wurden dort 18 Millionen Festmeter, das sind Kubikmeter ohne Zwischenräume, Holz geerntet. Das Land verbraucht oder exportiert jedoch 38 Millionen Festmeter. Sehr viel davon landet direkt im Feuer. Deutschland importiert wenig bis gar keine Holzpellets aus Rumänien, aber andere Länder in Europa setzen auf den angeblich ökologischen Rohstoff. Kohlekraftwerke in Großbritannien, Frankreich oder Dänemark stellen auf Holzpellets um. Die gewaltige Nachfrage befeuert den Import von Holz nicht nur aus Rumänien, sondern auch aus dem Baltikum oder sogar den Vereinigten Staaten. Was als gute Idee gedacht war – Abfall aus Sägewerken oder der Möbelindustrie sinnvoll zu nutzen –, verkommt zum Raubbau. Das Prinzip Nachhaltigkeit wird in solchen Fällen mit Füßen getreten.

Selbst bei Holz, das beim Fällen anfällt und nicht als Bauholz tauglich ist, lohnt ein Blick auf die Details. Häufig geht es dabei um das Kronenmaterial, die mehr oder weniger dicken Äste. Grundsätzlich sind sie ideales Brennholz, zumindest bis zu einer bestimmten Dicke. Denn gerade im Kronenraum mit feinen und feineren Ästen und erst recht im Laub der Bäume liegt die Grundlage der nächsten Waldgeneration. Während in den Stammstücken die größte Masse ist, liefern die filigraneren Baumteile die meisten Nährstoffe. Mineralien wie Magnesium und Kalium, aber auch Phosphor sind dort in höheren Anteilen gespeichert. Nutzt man also diesen Teil des Kronenraums mit, besteht die Gefahr, dass der Waldboden verarmt.

Und damit nicht genug. Eine Holzheizung ist nicht per se umweltfreundlich. Das Umweltbundesamt hat moniert, dass die Feinstaubbelastung von Holzheizungen zu hoch sei. Natürlich kommt sie nicht an die Werte von Verkehr und Industrie heran. Dennoch stoßen veraltete Kamine und Öfen einen ordentlichen Teil an feinen Partikeln aus. Viel zu oft verbrennt Holz nämlich schlecht oder unzureichend. Zum Beispiel, weil es nicht lange genug trocknen konnte und zu viel Feuchtigkeit enthält. Dies lässt sich leicht vermeiden. Allerdings sind manche Geräte technisch nicht gut oder schlecht eingebaut.

Man sollte also nicht alle Feuerungen über einen Kamm scheren. Es gibt hocheffiziente Holzfeuerungen, die das Holz optimal nutzen. Zudem sind viele moderne Anlagen längst mit Filtern ausgerüstet. Die Frage ist dennoch berechtigt, ob in jeder Drei-Zimmer-Wohnung ein Holzofen stehen muss, zumal das Haus eine Zentralheizung hat. Natürlich ist das schön, aber ist es angesichts der Klimakrise zeitgemäß?

Das passt zur Diskussion, wie klimaneutral Heizen mit Holz sein kann. Wenn wir Holz verfeuern, wird nur dieses CO_2 wieder frei. Stammt das Holz aus nachhaltiger Forstwirtschaft, binden die nachwachsenden Wälder dieses Kohlendioxid bereits im nächsten Jahr wieder. Trotz dieses erfreulichen Zusammenhangs hat es keinen Sinn, den Zuwachs an Holz gleich wieder vollständig zu verbrennen. Holz wird niemals reichen, um unseren Energiebedarf ansatzweise zu decken. Der Gesamtenergiebedarf Deutschlands betrug 2021 2407 Terrawattstunden. 134 Terrawattstunden lieferte Holz zu. Egal, wie man es dreht: Der Wald hinkt quasi der Verbrennung hinterher. Dabei ist unser CO_2-Ausstoß ohnehin viel höher als die Summe, die Wälder binden können.

Holz ist viel zu schade, um es ausschließlich zum Heizen zu verwenden. Bei allen Optionen, die ein Wald beim Einsparen von Kohlendioxid bietet, darf nicht vergessen werden, dass man den gewachsenen Kubikmeter nur einmal verbauen oder verfeuern kann. Am Besten ist es deshalb, wenn Holz in der Kaskade genutzt wird. Das heißt, ein Kubikmeter hat erst eine Karriere als Konstruktionsholz oder Möbel, wird dann zu Baustoff und schließlich ganz zum Schluss erst verbrannt. Auf diese Weise kann Holz eine wichtige Rolle auch in der Energieversorgung übernehmen.

Bei jeder Form der Waldnutzung sollte man sich zum einen der Endlichkeit des Rohstoffs stellen. Holz kann nur in dem Umfang genutzt werden, in dem es nachhaltig nachwächst. Alle Bedürfnisse schnell mit Holz zu befriedigen, ist damit unmöglich. Und zum anderen sollte man das Thema Artenschutz nicht über die Notwendigkeit des Klimaschutzes stellen. Beide Ziele sind wichtig und bedingen einander. Klimaschutz durch Wald wird also nur gelingen, wenn auch die Biodiversität erhalten bleibt. Das wird auch hierzulande immer schwerer, denn die Klimakrise hat die Rahmenbedingungen bereits geändert. Die Folgen sind offensichtlich: für den Wald und damit auch für uns.

Wo die Zitronen blühen? Plan B für den Wald von morgen

Werden wir auch in 50 und 100 Jahren noch Wald in Deutschland haben? Vermutlich ja, ziemlich sicher ist allerdings, dass dieser Wald ganz anders aussehen wird, als wir uns das heute vorstellen können.

Wer im Wald spazieren gehen wird, bekommt in der Zukunft wahrscheinlich noch ein paar alte Bekannte zu Gesicht: vielleicht Buchen, Eichen, oder Ahornbäume, ganz genau weiß dies im Moment niemand. Dazu kommen sicher neue Baumarten, Zerreichen vielleicht, Tamarisken oder Erdbeerbäume. Womöglich werden Fichten weitgehend von der Waldkarte verschwunden sein und allenfalls noch in botanischen Gärten und den Hochlagen der Alpen überleben. Dort sind sie dann als Relikt einer nicht allzu fernen Vergangenheit zu sehen.

Viele Fragen sind heute hinsichtlich der Klimakrise noch offen. Wie verhalten sich Ökosysteme in der Zukunft? Ketten und ganze Netze werden voraussichtlich reißen, auch an unerwarteter Stelle. Neue Tier- und Pflanzenarten machen sich in Wäldern breit. Arten, die es lieber warm mögen, wie die Holzbiene. Bei anderen Arten lässt sich bereits heute eine Veränderung bemerken: getreu der Bergmannschen Regel, wonach Vertreter einer Art im Norden ihres Verbreitungsgebiets größer sind, und der Allenschen Regel, wonach Vertreter einer Art dort, wo es wärmer ist, längere und größere Extremitäten ausbilden. Bei einigen Tierarten ist das bereits untersucht worden. Man hat entdeckt, dass sie sich mit steigenden Temperaturen zu verändern beginnen. Auch die Waldmaus hat heute größere Ohren als ihre Vorfahren. Auf der anderen Seite stehen die Verlierer. Viele Arten, die es gern kühler und feuchter haben, werden in Zukunft in höhere Lagen ausweichen oder ganz verschwinden.

Es deutet sich auch an, wie die Böden reagieren, wenn sich das Klima weiter verschiebt: Sie erhöhen ihren Umsatz. Ausschlaggebend wird sein, wie sich Niederschlagsmuster mittel- und langfristig ändern und wie die Temperaturen. Eine für alle im Wald entscheidende Frage lautet dann, welche Baumarten eher auf der Verliererseite stehen und welche profitieren können.

Die Bandbreite der möglichen Szenarien ist immer noch groß. Vieles hängt davon ab, ob es global gelingt, zum einen den Ausstoß von Kohlendioxid so schnell wie möglich auf null runterzudrehen und die Emissionen der Vergangenheit wieder einzufangen. Und zum anderen, ob es uns gelingt, Städte, Landwirtschaft und unsere Wälder beim Wandel zu begleiten. Der Wandel wird allerdings bereits absehbar so schnell vonstattengehen, dass es nicht reichen wird, in Waldökosystemen der Natur ihren Lauf zu lassen. Zuzusehen, wie sich die Organismen anpassen und die Artenspektren verschieben, dafür fehlt die Zeit. Hoffnung macht, dass Organismen bei Veränderungen ein Stück weit mitgehen. Wenn sie das nicht mehr können, weil alles zu schnell geht und sie sich nicht mehr anpassen können, verschwinden sie allerdings.

Der Umgang mit der Klimakrise muss also bedeuten, dass der Mensch einen aktiven Part bei der Eindämmung der Folgen übernimmt – gerade auch in Sachen Wald. Denn Wald ist für die Gesellschaft wichtig. Er soll im besten Fall noch in 50 und 100 Jahren Holz liefern und ein Ort der Erholung sein. Natürlich gehört es auch weiterhin zu seinen Aufgaben, beim Erhalt der Artenvielfalt zu helfen und Kohlendioxid zu binden. Der Wald ist damit zentraler Teil aller Überlegungen zum Klima. Er ist sowohl Opfer der Klimakrise als auch Hoffnungsträger. Ihm trauen Wissenschaftlerinnen und Wissenschaftler zu, dass er unser bester Verbündeter sein kann, wenn die Karre aus dem Dreck zu holen ist.

Die Klimakrise wird greifbar

Bevor man etwas tut, ist man gut beraten, zu verstehen, was gerade geschieht. Die Anzeichen, dass sich bei unserem Klima etwas ändert, sind nicht zu übersehen. Allein der Sommer 2023 hatte an Wetter einiges zu bieten, was einem Angst machen sollte. Da gab es Rekordtemperaturen auf der ganzen Welt, Regenfälle, die in ihrer Heftigkeit und Häufigkeit vorher nicht denkbar schienen. Dazu schmolzen Meereis und Gletscher auf der ganzen Welt in einem Tempo dahin, das, vorsichtig formuliert, unerwartet war. Das Meer selbst war ebenfalls zu warm und die großen Mechanismen in der Wetterbildung schienen aus dem Trott geraten zu sein. Es mag vielen nicht bewusst sein, aber wie es Wald in Deutschland geht, ist eng verzahnt mit Meerestemperaturen und sogar der Lage der Eisbären in der Arktis. Die Wissenschaft ist schon gut darin, diese Mechanismen nachzuvollziehen.

Azorenhoch und Islandtief bestimmen als große Antagonisten, wie das

Wetter in Europa wird. Auf einen einfachen Nenner gebracht, bringt ein ausgeprägtes Azorenhoch heißes, trockenes Wetter. Im Gepäck des Islandtiefs ist eher feucht-kühles Regenwetter.

Das Azorenhoch ist in den letzten Jahrzehnten stetig gewachsen und verhindert in der Folge den wichtigen Winterregen für Südeuropa. Und nicht nur das: Es sitzt auch stabiler an Ort und Stelle. Vor dem Jahr 1850 trat das einmal in zehn Jahren auf. Bis 1980 konnte man damit alle sieben Jahre rechnen. Heute gibt es alle vier Jahre ein solches Super-Azorenhoch. Eine Auswirkung ist, dass unsere Sommer länger und heißer werden mit ausgeprägten Trockenzeiten. Das ist beispiellos in den letzten tausend Jahren.

Aussagen über das historische Wetter lassen sich nur indirekt treffen. In trockenen Jahren gelangt beispielsweise weniger Wasser in Höhlen, dementsprechend wachsen Tropfsteine langsamer, ihre Zuwächse sind geringer. Ähnlich wie bei Bäumen: Auch sie bilden in unseren Breiten in Jahrringen ab, wenn ihre Umgebung Wassermangel hat. Das hilft nicht nur bei der Bestimmung, wann ein Haus oder ein Boot gebaut wurde, sondern eben auch bei einer Aussage über das Wetter in dem entsprechenden Jahr.

Dürren haben Menschen und Wälder schon begleitet, als unser Einfluss noch wesentlich geringer war. Das war zum Beispiel in den Jahren 1947, 1857, 1718, 1540, 1387 und – hier ist nur eine ungenaue Angabe möglich – im Zeitraum von 987 bis 1007 der Fall. Da herrschte im Heiligen Römischen Reich Kaiser Otto III. und der isländische Entdecker Leif Eriksson überwinterte erstmals in Amerika.

Solche Dürren und andere Extremwetter fanden Eingang in Chroniken. Diese Aufzeichnungen sind neben natürlichen Überbleibseln weitere Puzzlestücke, um das Klima der Vergangenheit zu erfassen. Mehr als 300 Quellen berichten über eine Trockenheit und Hitze im Jahr 1540. Elf Monate lang fiel kein Regen. Ursache war wohl ein mächtiges Hoch über dem Süden und der Mitte Europas, das zusätzlich noch mit dem Azorenhoch korrespondierte. Sämtlicher Regen machte einen Bogen um Mitteleuropa. Mit dramatischen Folgen; Quellen und Flüsse trockneten aus, Getreide verdorrte auf den Feldern, Heu und Stroh wurden knapp, Kirschbäume blühten zweimal. Eichen verloren bereits im August ihr Laub. Haselbüsche warfen auch noch ihre Nüsse ab.

Sind also solche heißen, trockenen Zeiten ohnehin normal? Gehören sie zum Hin und Her des Wetters einfach dazu? Wieder einmal haben Forscherinnen und Forscher Bäume dazu befragt. In einem Projekt des Deutschen Geoforschungszentrums Potsdam haben sie sich neben den Jahrringen von Bäumen auch die Verhältnisse verschiedener Isotope des Kohlenstoffs (^{13}C zu

^{12}C) und Sauerstoffs (^{18}O zu ^{16}O) angeschaut. Isotope sind Verwandte eines Elements. Sie tragen dieselbe Menge an Protonen und Elektronen, die für ihr Element charakteristisch sind. Aber sie unterscheiden sich in der Zahl ihrer Neutronen. So gibt es Kohlenstoffatome, die tragen zwölf, und solche, die tragen 13 Neutronen mit sich herum. Naturgemäß sind die mit 13 Neutronen ein winziges bisschen schwerer. Und mit der Bestimmung dieses Gewichtsunterschieds ist es gelungen, die Feuchtigkeit während der Sommer über Jahrhunderte nachzuzeichnen. Da die Isotope unterschiedlich schwere Atome eines Elements sind, bleiben seine chemischen Eigenschaften gleich. Aber die Physik ist eine andere.

Dafür muss man wissen, dass Bäume verschiedene Isotope eines Elements in ihren Jahrringen verarbeiten. Zwei Prozesse bilden den Sommer ab. Da ist zum einen das Verhältnis der Kohlenstoffisotope. Ist es heiß und trocken, schließen sich die Spaltöffnungen der Blätter. Sie wollen damit den Wasserverlust gering halten. Dadurch erschweren sie aber den Eintritt von Kohlendioxid. Normalerweise würde die Pflanze das Kohlendioxid mit dem leichteren ^{12}C bevorzugen. Macht die Hitze das mühsam, das heißt, ist das Angebot an Kohlendioxid begrenzter, baut die Pflanze mehr ^{13}C ein, das schwerer ist.

Einen ähnlichen Hinweis hinterlässt ein heißer und trockener Sommer mit Sauerstoffisotopen. In dem Fall lagert der Baum mehr schwereren Sauerstoff ab. Das kommt daher, dass die Pflanze dann mehr Wasser verdunstet. In dem entfleuchenden Wasserdampf sind eher leichtere Sauerstoffisotope ^{16}O. Das verbleibende Blattwasser ist damit schwerer, weil es mehr ^{18}O enthält. Wenn die Pflanze das in der Photosynthese weiterverarbeitet, landet mehr davon in der Jahrringcellulose.

Dadurch ergeben sich Profile und Rückschlüsse auf Klimate vergangener Jahrhunderte. Die Wissenschaftlerinnen und Wissenschaftler des Geoforschungszentrums haben in ganz Europa von Nordskandinavien bis nach Süditalien Proben von Bäumen an 26 Standorten genommen. Ihr Datensatz umfasst verschiedene Eichen-Arten genauso wie Kiefern, Lärchen und Zedern. Demnach war es in den letzten 400 Jahren immer mal feuchter und mal trockener. Aber die Wasserbilanz war nie negativer als im Vergleichszeitraum 2015 bis 2018. Andere Forschungen kommen bei der Analyse der Isotope von Eichenholz aus Brunnen, Gebäuden, Sedimenten und lebenden Bäumen sogar zu dem Ergebnis, dass es in den letzten 2000 Jahren nie solche Trockenzeiten gab.

Angesichts dieser Befunde ist 2023 nicht plötzlich oder überraschend gekommen. Forscherinnen und Forscher warnen seit mehr als 150 Jahren vor den Folgen des stetig steigenden CO_2-Anteils in der Luft.

Die Messungen vieler Wetter- und Witterungsereignisse ergeben das Klima. Schon heute ist die durchschnittliche Temperatur in Deutschland gegenüber dem Beginn der Temperaturmessungen im Jahr 1881 um 1,6 Grad gestiegen. Auch wenn die globale Durchschnittstemperatur »nur« um 1,1 Grad höher liegt, kann es lokal zu sehr viel höheren Temperaturen kommen. Selbst innerhalb Deutschlands werden einige Regionen stärker als andere betroffen sein. Vor allem im tiefen Süden und Westen steigen die Temperaturen höher als etwa im Norden.

Die höhere Temperatur mag abstrakt erscheinen, die Folgen sind es nicht. Damit einher gehen beispielsweise längere Vegetationsperioden. So hält der Frühling mittlerweile sehr viel früher bei uns Einzug als noch zu Zeiten unserer Eltern oder Großeltern. Der Deutsche Wetterdienst hat dazu eine phänologische Uhr erstellt. Sie teilt die Abschnitte eines Jahres danach ein, wann verschiedene Pflanzen ein bestimmtes Verhalten zeigen. So beginnt die Haselblüte heutzutage bereits Anfang Januar statt Anfang Februar. Mitunter sind bereits kurz nach Weihnachten Haselblüten an den Büschen. Sie markieren den Vorfrühling. Der Erstfrühling startet mit der Blüte der Forsythie mittlerweile gut elf Tage eher. Und in den Sommer geht es mit der Blüte der Sommerlinde auch schon zehn Tage früher. Die Winter werden spürbar kürzer.

Wem das noch nicht greifbar genug ist: Die Klimazonen verschieben sich bereits. Das heißt, wenn man die Position deutscher Städte mit Klimadaten übereinbringt, hat sich ihre Lage bereits um 100 bis 650 Kilometer weiter gen Südwesten verschoben. Das heißt, Köln hat heute ein Klima, wie es vor 50 Jahren Tours, 250 Kilometer südwestlich von Paris, hatte.

Na und? Könnte man sagen. Das Bild hat ja auch etwas Verlockendes, etwas von Urlaub. Während man beispielsweise auf den Rheinwiesen liegt, recken Zypressen ihre spitzen Kronen in den Himmel. Lavendel duftet an ihren Wurzeln. Der Wald im Sauerland ist licht und hell, Grillen zirpen ein Hohelied des Sonnenscheins. Über allem liegt ein Hauch mediterranen Flairs. Wie in der Toskana. Mit dem feinen Unterschied, dass die italienische Region der Sehnsüchte immer noch 1000 Kilometer weiter südlich liegt – und wir kein Mittelmeerklima bekommen. Das bedeutet etwa, dass wir weiterhin, auch wenn der Frühling nun früher kommt und durchschnittlich wärmer ist, beispielsweise mit Spätfrösten werden rechnen müssen. Zudem ist zu erwarten, dass auch sogenannte Schadorganismen wie Pilze oder bestimmte Insekten von den Bedingungen mehr profitieren. Der Traum von der Toskana direkt vor der Haustür bleibt also tatsächlich nur ein Traum, die Realität wird anders aussehen.

Das Ende des Waldes, wie wir ihn kennen

Wälder wie am Mittelmeer mag sich also noch ganz idyllisch anhören. Aber der Wandel wäre dramatisch. Ganze Regionen, die heute noch von Wäldern geprägt sind, könnten diese verlieren. Das Ergebnis wären von Käfer und Dürre dahingeraffte Forste, Steppen mit bestenfalls einzelnen Bäumen darin. Gerade die letzten Jahre haben einen Vorgeschmack darauf gegeben. Wer mit dem Zug durch die Republik reiste, konnte überall braune Gerippe sehen. Die Kombination aus Hitze und Wassermangel hat Fichten, Kiefern, auch Buchen dahingerafft.

2015 begann die lange Phase der Trockenheit, die bis heute andauert und nur im Jahr 2021 eine Pause machte. Fehlende Niederschläge und hohe Temperaturen haben die Böden bis in tiefere Schichten austrocknen lassen. Selbst für Bäume wird es mitunter schwer, an ausreichend Wasser zu kommen. 2018 nimmt dabei eine besondere Rolle ein. Laut Statistischem Bundesamt war jenes Jahr mit einem deutschlandweit durchschnittlichen Niederschlag von 590 Litern pro Quadratmeter das trockenste seit 1959. Das vieljährige Mittel liegt bei rund 830 Litern pro Quadratmeter.

Allerdings sind Durchschnittswerte wenig aussagefähig. Die Unterschiede waren bereits früher immens. Manche Regionen haben immer schon zu wenig Regen abbekommen, das ist auch am Waldbild erkennbar. Zudem ist die gesamte Menge seit Ende des 19. Jahrhunderts um 7 Prozent gestiegen. Es gibt also prinzipiell mehr Regen in Deutschland. Davon darf man sich aber nicht täuschen lassen, denn wichtig ist, dass der Regen nicht mehr gleichmäßig kommt. Im Winter gibt es mehr Niederschläge, im Sommer weniger. So regnete es im Juni 2023 im Schnitt 51 Liter pro Quadratmeter, üblich wären 85 Liter. Und wenn Regen im Sommer kommt, dann immer häufiger in Form von Unwettern. Auch das hat sich im Juni sowie im Juli 2023 gezeigt, der insgesamt sehr regenreich war: Es gab 100 Liter Niederschläge pro Quadratmeter im Vergleich zum langjährigen Mittel von 78 Litern.

Die Trockenheit 2018 war dennoch ungewöhnlich. Nach Satellitenbildanalysen der Eidgenössischen Forschungsanstalt für Wald, Schnee und Landschaft haben damals zehn Prozent der Bäume Europas ihr Laub bereits im Sommer teilweise oder ganz abgeworfen. Insbesondere, wenn ein kleinerer bis mittlerer Wuchs mit einem steilen oder flachgründigen Standort mit heißen Bedingungen in ohnehin schon eher trockenen Gegenden zusammengekommen ist.

Besser wurde es nach 2018 nicht. Auch 2019 und 2020 hatten weniger als 750 Liter pro Quadratmeter. Zusammen mit einer durchschnittlichen Jahrestemperatur von über 10 Grad ist der Stress für die Bäume immer größer geworden. Selbst 2021 hat nicht wirklich Entlastung gebracht. Und 2022 brach wieder Rekorde.

Diese ständige Trockenheit hat den Bäumen arg zugesetzt. Und mit der Trockenheit haben Käfer insbesondere bei den Nadelbäumen leichtes Spiel gehabt. Allein bis zu drei Generationen Buchdrucker konnten sich entwickeln. Hinzu kamen Kupferstecher. Mitunter waren die Bäume sogar diesen Spezialisten zu trocken.

Wenn sich Temperaturen erhöhen und gleichzeitig Niederschlagsmuster verändern, steigt auch in Deutschland die Gefahr von Waldbränden.

Das alles hat Folgen. Direkte und indirekte. Unübersehbar sind die kahlen Hänge, wo einst Wälder waren. In der Summe sind seit 2018 rund 500.000 Hektar oder 5000 Quadratkilometer Wald ausgefallen. Umgerechnet entspricht das fast sechsmal der Fläche Berlins. Dabei traf es die Wälder nicht überall gleichmäßig stark. Beispielsweise zeigen Satellitendaten, dass 2018 in erster Linie der Osten betroffen war. Im Jahr 2020 sind vor allem in der westlichen Mitte des Landes Bäume abgestorben, in Nordrhein-Westfalen, Hessen und gerade auch im Harz. Und nicht nur das: Laut aktuellem Waldzustandsbericht sind vier von fünf Bäumen bereits in Mitleidenschaft gezogen. Das zeigt sich deutlich in lichten Kronen. Und auch wenn gerade Fichten und Kiefern betroffen sind, geht es Eichen und Buchen noch lange nicht gut. Das Bild mag Nuancen haben, der Eindruck bleibt gleich: Um den Wald ist es nicht zum Besten bestellt.

Mit dem Siechtum ist aber noch nicht alles erfasst. Spektakulär sind die Feuer, die in Wäldern ausbrechen. Die Gefahr eines Waldbrands hat auch in Deutschland zugenommen. Immer häufiger gibt der Deutsche Wetterdienst hohe Waldbrandwarnstufen heraus. Und immer wieder kommt es zu Feuern. In den Jahren 2018, 2019 und 2020 hat die offizielle Waldbrandstatistik des Bundeslandwirtschaftsministeriums die meisten Waldbrände seit 2010 verzeichnet. Im Jahr 2018 brannte es 1708 Mal auf insgesamt 2349 Hektar, 2019 waren es 1523 Brände auf 2711 Hektar, 2020 1360 Feuer auf 368 Hektar. Laut der EU-Datenbank Copernicus gab es 2022 32 Großbrände in Deutschland. 4300 Hektar verbrannten dabei. Noch sind für das vergangene Jahr nicht alle Feuer zusammengezählt. Aber klar ist, auch 2022 war in Deutschland und ganz Europa ein Jahr des Feuers.

Weniger spektakulär, aber ebenso besorgniserregend ist das Phänomen, dass Wälder ihre Fähigkeit verlieren können, Kohlendioxid aus der Luft zu holen. Das passiert, wenn Waldböden etwa durch Insekten oder Stürme ihrer Bäume beraubt sind. Die Böden erwärmen sich und das Bodenleben baut in großem Maßstab Humus ab – dann entweicht Kohlendioxid. Schweizer Forscherinnen und Forscher haben das Phänomen untersucht und dafür Flächen, die von den Stürmen Vivian im Jahr 1990 und Lothar 1999 abgeräumt wurden, unter die Lupe genommen. Sie errechneten, dass auf den ehemaligen Vivian-Sturmflächen in den Bergwäldern der CO_2-Gehalt des Bodens 90 Prozent geringer war als in ungeschädigten Bereichen.

Noch gibt es keine offiziellen Zahlen dazu, wie sich die riesigen Kahlflächen nach den Dürrejahren auf die Bilanz deutscher Wälder insgesamt auswirken. In der Zeit von 2018 bis zum Frühjahr 2023 entstand aber beispielsweise durch Hitze, Trockenheit und Borkenkäfer alleine in Nordrhein-Westfalen eine Schadensfläche von ca. 140.000 Hektar. Das Klima wird von diesen Flächen ausgehend im Vergleich zu 2017 mit 1,2 Millionen Tonnen CO_2 pro Jahr belastet. Und es wird länger als ein Jahrzehnt dauern, bis die Kahlflächen ihre Klimaschutzleistung wieder entfaltet haben.

Der Trend ist da: Wälder im Klimastress können ihre Funktion als Senke nicht optimal erfüllen. Und das ist noch vorsichtig formuliert. Wir setzen sie besser nicht mehr uneingeschränkt auf die Haben-Seite.

Kein Wunder also, dass Expertinnen und Experten aus Ökologie, Klimaforschung und den Forstwissenschaften anmahnen, Wälder so schnell wie möglich fit für den Klimawandel zu machen. Sie drücken aufs Tempo, weil sie wissen, dass die Zeit drängt.

Besonders Försterinnen und Förster kämpfen um den Wald und sein ökologisches Gleichgewicht, teilweise schon seit einer Generation. Damit haben sie eine Revolution in Gang gesetzt. Jedenfalls, wenn man das Tempo eines Baumes als Maßstab nimmt. Die für alle sichtbaren Folgen des Klimawandels haben schließlich überall in Deutschland den Anstoß gegeben, dass Forstverwaltungen den vielerorts bereits begonnenen Waldumbau zu ihrem Leuchtstern gemacht haben. Das ist die Marschrichtung, der Pfad, den Wald zu sichern. Ziel ist, die Wälder durch menschliches Wirken an den menschengemachten Klimawandel anzupassen.

Dabei spielen klassische Werkzeuge der Forstleute eine Rolle. Aber auch gänzlich neue Ideen könnten zum Einsatz kommen: ein Booster für das Bodenleben beispielsweise. In der Landwirtschaft experimentiert man bereits erfolgreich mit Impfungen des Bodens. Dabei helfen Biostimulanzien den Ackerkulturen, besser Nährstoffe aufzunehmen, sich gegen hungrige Insekten zu wehren oder resistenter gegen Trockenheit zu sein. In dieselbe Richtung deuten auch Experimente, in denen Bäume mit Mikrobengemeinschaften zusammenkommen. Aber nicht mit irgendwelchen: Die Mikroben müssen bereits Erfahrung mit Trockenheit haben. Dann wirken sie wie ein ökologisches Langzeitgedächtnis, das gelernt hat, mit widrigen Bedingungen umzugehen. Was genau da passiert, welche Organismen einsetzbar sind, wie lange der Effekt anhält, welche ökologischen Folgen das haben kann – all das ist noch zu klären. Genauso wie die Frage, wie man denn rein praktisch ganze Wälder gegen Dürre impft. Vielleicht, indem man jedem gepflanzten Baum ein Bad in einem Biostimulans gönnt.

Bevor Wälder zu einem mikrobiellen Experiment werden, liegt zurzeit die Entscheidung näher, welche die Gewinnerbaumarten und welche die Verlierer sind. Bleibt beispielsweise die Fichte im Wald erhalten? Die Buche? Die Eiche oder Kiefer? Übernehmen andere einheimische Arten eine neue Rolle? Oder sind es Baumarten, die von anderswo kommen? Welche Baumgemeinschaften machen den Wald in 100 Jahren aus?

Waldbau – eine notwendige Wette auf die Zukunft

Die Crux ist: Waldbau ist immer eine Wette auf die Zukunft. Niemand kann sicher sagen, ob nicht eine bislang unbekannte Krankheit in 50 Jahren Probleme machen wird. Niemand hat vor Jahrzehnten auf dem Schirm gehabt, dass Ulmen heute aufgrund der Ulmenwelke weitgehend verschwunden sind. Aktuell macht Eschen das Eschentriebsterben zu schaffen. Auch für diese Baumart sieht es eher düster aus. Beide Krankheiten werden von Pilzen ausgelöst, die aus Ostasien stammen.

Das macht Entscheidungen jenseits der Forderungen eines zukünftigen Marktes so unglaublich schwierig. Das Problem ist: Der Enkel muss damit zurechtkommen, was Opa vor Jahrzehnten für richtig gehalten hat.

Waldbesitzerinnen und -besitzer sowie Forstverwaltungen kennen das Problem zur Genüge. Das Klima verschärft jedoch die möglichen Folgen ihrer Entscheidungen. Denn wo sich jahrtausendelang Wälder langsam an ändernde

Umweltbedingungen anpassen konnten, muss es jetzt schnell gehen. Das ist eine Mammutaufgabe unserer Generation.

Die Rahmenbedingungen sind ebenso klar wie unklar. Wir müssen in Deutschland mit einer Temperaturerhöhung zwischen zwei und vier Grad rechnen, möglicherweise mehr. Gerade im Sommer wird es lange Trockenphasen geben. Zudem ist das Risiko von Unwettern und Stürmen in der Zukunft größer. Auch Schnee ist weiterhin möglich und Frost bis weit ins Jahr hinein – aber auch regelrecht warme Winter. Würde man die reine Produktionsseite betrachten, wäre der Plan schon fast gefasst. Doch der Wald ist eben nicht nur für Holz gut. Beim Umbau des Waldes und beim Pflanzen neuer Wälder gilt es, den Artenschutz, den Erhalt der biologischen Vielfalt und auch den Menschen nicht aus den Augen zu verlieren.

Das magische Wort ist Klimaresilienz. Wälder sollen in die Lage versetzt werden, mit den neuen Bedingungen klarzukommen. Forstverwaltungen tüfteln seit Jahren und Jahrzehnten an zukunftsfesten Strategien. Zum Beispiel ist das Bundesland Nordrhein-Westfalen beziehungsweise der zuständige Landesforstbetrieb im Jahr 2018 mit einem neuen Waldbaukonzept angetreten. Waldbaukonzept meint die Blaupause, wie Wälder zu bewirtschaften sind. Darin geht es um Baumarten, deren Mischungen, Pläne zur Ernte etc. Das Ganze ist eine Art Kochrezept für den Wald. Statt schmecken soll es aber die Funktionen eines Waldes dauerhaft sichern.

Das Waldrezept aus Nordrhein-Westfalen enthält Zutaten, die noch vor wenigen Jahren vielen sauer aufgestoßen wären. Das Konzept ist so gestrickt, dass am Ende Wälder stehen, die selbst mit einer Temperaturerhöhung von vier Grad Celsius zurechtkommen. Zentral ist dabei die Standortdrift. Das heißt, bei der Planung heute müssen veränderte Bedingungen für Baumarten mitgedacht werden, auch wenn sie erst in vielen Jahren relevant sind. Hintergrund sind die Vorlieben der Bäume; man kann ihre Wachstumsbedingungen in Diagramme einzeichnen, auf denen Bodenfeuchtigkeit und pH-Wert den Rahmen bilden. Die einzelnen Arten bilden dann Flächen, in denen sie mit den entsprechenden Bedingungen klarkommen. Erlen beispielsweise können gut mit nassen Bedingungen und mäßig sauren bis alkalischen Bedingungen umgehen, Trauben-Eichen mit mäßig sauren und mäßig trockenen. Wenn ein Lebensraum absehbar zu trocken für eine Baumart wird, ist es besser, eine andere Art zu wählen. Die Standortdrift berücksichtigt, dass sich die Bedingungen einzelner Wälder verschieben.

Zur Klimaanpassung gehört in Nordrhein-Westfalen zum Beispiel auch das Vier-Baumarten-Prinzip. Man könnte es auch Gemischtwarenladen-Prinzip oder Risiko-auf-viele-Schultern-verlagern-Prinzip nennen. Wälder sollen in Zukunft so aufgebaut sein, dass neben den zwei prägenden Hauptbaumarten stets zwei weitere Nebenbaumarten eingebunden sind. Sie alle sind natürlich an den Standort angepasst. Zudem können weitere Pionierbaumarten das Baumartenportfolio abrunden. Die Streuung des Risikos durch vier oder viele Baumarten ist die beste Versicherung gegen Insekten, schädliche Pilze oder Wetterkapriolen.

Eine Baumart, die vor Jahren noch beinahe wie Unkraut behandelt wurde, ist die Birke. Sie, wie auch andere Pionierbäume wie Salweide, Vogelbeere oder Aspe, könnte im Wald Lücken füllen und den Boden für andere Baumarten wie die Buche frei halten. In ihrem Schatten gedeihen die kleinen Buchen besser, weil sie sich nicht mit Brombeeren oder Gras herumschlagen müssen. Birken passen gut ins Konzept, denn sie sind anspruchslos und kommen ganz von selbst.

Dieses überlegte Vorgehen wird das Bild im Wald verändern. Zusätzlich suchen Försterinnen und Förster nach Alternativen für den Wald von morgen, zum Beispiel nach Bäumen mit anderen Herkünften. Damit ist gemeint, Varietäten von heimischen Baumarten nach Deutschland zu bringen. Und zwar solche Varietäten, die von Haus aus besser mit neuen Klimabedingungen zurechtkommen. Beispielsweise kennen Buchen aus Osteuropa trockene Sommer seit jeher. Ähnliches gilt für den Gedanken, die Slawonische Eiche als Ersatz für die heimische Stieleiche zu nehmen. Auch diese Art aus Kroatien ist Trockenheit gewöhnt. Oder besser: Sie kommt leichter mit möglichen Trockenphasen zurecht. Wichtig ist, dass diese Baumarten auch sonst mit den Bedingungen in unseren Ökosystemen umgehen können, beispielsweise Pilzerkrankungen.

Forstleute und Waldbesitzerinnen und -besitzer haben aber noch mehr Baumarten im Portfolio: So könnten sogenannte Nebenbaumarten in Zukunft eine wichtigere Rolle übernehmen. Dazu gehören Elsbeere, Speierling, Hainbuche, Winterlinde und andere.

Zu guter Letzt können auch außereuropäische Baumarten zum Einsatz kommen, etwa bislang unbekannte Arten aus Übersee oder solche, mit denen man bereits Erfahrungen gesammelt hat. Douglasien etwa sind längst ein gewohnter Anblick in vielen Waldbildern. Ursprünglich stammt die Douglasie aus Nordamerika, kommt besser mit Trockenheit zurecht und könnte die Fichte in vielen Gebieten beerben. Auch Hemlocktanne oder Große Küstentanne stellen Alternativen dar. Vielleicht wachsen dereinst sogar Libanon- oder Atlaszeder in heimischen Wäldern. Mit diesen Baumarten wurden in Nordrhein-Westfalen in den letzten 15 Jahren bereits Anbauversuche gemacht.

Der kleine rote Knospenfresser

Rehe sind als Art ungemein anpassungsfähig und fühlen sich in der Feldmark genauso wohl wie im Wald. Vor 200 Jahren galten sie noch als eher seltene Tiere im Wald, doch ab Mitte des 19. Jahrhunderts und vor allem nach dem Zweiten Weltkrieg nahm ihre Zahl stark zu. In der Jagdsaison 2021/2022 wurden mehr als 1,2 Millionen der Tiere erlegt. Forstexpertinnen und -experten mahnen eine noch rigorosere Jagd an, denn die Tiere haben das Zeug, einen Wald zu verändern; sie fressen Keimlinge und Knospen. Dabei bevorzugen sie Ahornknospen und Buchen und lassen Nadelbäume eher links liegen. Damit dämpfen sie das Wachstum der Laubbäume, denn die brauchen länger, um aus dem Äser, der Reichweite der Mäuler, zu kommen. Auf Dauer können Rehe also bestimmte Arten unwissentlich fördern. Die vermeintlichen Lösungen sind mehr Schießen, mehr Zäune, aber auch mehr Beutegreifer und mehr Weichhölzer, Waldlichtungen, damit die Rehe anderswo ihre Leckereien holen. Rehe sind durch ihren Hunger zu einem Symbol dafür geworden, wie der Umgang mit den Wäldern zwischen zwei Herangehensweisen hin- und herpendelt: Die einen plädieren für mehr Eingriffe durch den Menschen, die anderen dafür, Natur mehr Natur sein zu lassen.

Ob fremdländische Baumarten wirklich der Weisheit letzter Schluss sind, ist ein Streitpunkt zwischen Forstverwaltungen und Naturschutz. In der Kritik steht dabei die unbeantwortbare Frage, was neue Baumarten in den bestehenden Ökosystemen anrichten könnten. Der Streit wird mitunter ganz handfest geführt. Die Umweltorganisation Greenpeace hat im Jahr 2012 aus Protest bei einer Aktion gepflanzte Douglasien im Spessart herausgerissen. Die kleinen Douglasien haben sie dann vor dem bayerischen Landwirtschaftsministerium aufgestellt.

Wie sinnvoll das ist, sei dahingestellt. Mitunter kritisieren Umweltschützerinnen und -schützer das Vorgehen im Wald, vor allem in der Rückschau. Da geht es immer wieder darum, dass Forstverwaltungen sowie Waldbesitzerinnen und -besitzer zu sehr auf Holzertrag und vermeintlich »falsche«, weil nicht heimische Baumarten gesetzt haben und es teilweise immer noch tun. Wälder wären in erster Linie Plantagen, wenn man diesen Interessen breiten Raum gewähren würde, siehe die großen Fichten- und Kiefernmonokulturen.

Försterinnen und Förster heute planen anders, denn sie verfügen über neues Wissen und haben auch den Klimawandel und Artenschutz im Blick. Wald war eben immer auch ein Spiegel der Zeit und der Gesellschaft. Wenn man billiges Holz für Bergwerke brauchte – bitte schön, ein Fichten- oder ein Kiefernforst. Wenn es überhaupt darum ging, Wald wieder entstehen zu lassen, wuchsen eben Nadelbäume.

Dabei hat sich immer wieder gezeigt, dass eine Anpassung im Wald nicht so einfach ist. Baut die Forstwirtschaft einen Wald um, dauert es oft länger als ein Menschenleben, bis sich Wirkungen zeigen. Die Landwirtschaft hat es leichter. Wenn hier eine Saat verbockt wird, beginnt das Spiel im nächsten Jahr aufs Neue. Auch hier leiden die Erträge unter steigenden Temperaturen, aber Landwirtinnen und Landwirte können sich in begrenztem Umfang binnen Jahresfrist anpassen.

Der Fairness halber sei erwähnt, dass Forstverwaltungen, Waldbesitzerinnen und -besitzer sowie Naturschützer die Sorge um den Wald umtreibt. Und gerade Forstleute machen sich die Sache nicht leicht. Unterm Strich sollen heimische Baumarten weiterhin den Ton angeben. Aber man will gewappnet sein im Forst. So wie in Nordrhein-Westfalen sind auch andere Forstverwaltungen mit ähnlichen Programmen und Ideen aufgestellt. Alle propagieren mehr Mischwälder, um auf möglichst viel vorbereitet zu sein.

Schon im Jahr 1991 hat zum Beispiel Niedersachsen ein damals innovatives Programm auf den Weg gebracht: LÖWE stand für »langfristige ökologische Waldentwicklung«. Nicht weniger als eine Harmonie zwischen Ökonomie und Ökologie sollte das Programm herstellen. Die Waldfunktionen galten als gleichwertig. Und auch die bayerischen Staatsforsten etwa haben schon vor Jahren die Empfehlung ausgesprochen, auf stabilere Mischwälder zu setzen. Zu groß schienen die Risiken von Monokulturen zu sein. So ein stabiler Mischwald ist nicht nur für Touristen reizvoll. Er dient den Gemeinden als Schutz vor Lawinen und Steinschlag.

Den Wald zu erhalten, ist eine Frage des Überlebens. Gerade bei den Bergwäldern zeigt sich aber auch, dass es mit dem schönsten Konzept nicht getan ist. Denn hungriges Reh-, Rot- und Gamswild kann jeder Waldplanung einen Strich durch die Rechnung machen. Auch das gehört zum Umgang mit dem Wald der Zukunft. Die Zahl der Tiere im Wald und deren Verhalten bedingen sich mit den heutigen und zukünftigen Wäldern.

Der Gedanke, dass nur der Mensch allein, in der Lage ist, seinen Schlamassel zu lösen, stößt nicht überall auf Gegenliebe. Neben dem Naturschutz setzen auch Expertinnen und Experten aus anderen Gebieten für den Wald immer mehr auf die Selbstheilungskräfte der Natur. Sie raten dazu, mehr Vertrauen in die Bäume zu setzen. Das ist ein verlockender Gedanke. Allerdings leiden unter den steigenden Temperaturen nicht nur solche Wälder, die weit von einer Natürlichkeit entfernt sind, sondern auch sehr naturnahe Wälder. Das Motto »Die Natur hilft sich selbst, man muss sie nur lassen« kann im komplexen Klimawandelgeschehen trügerisch sein.

Es gibt aber auch ermutigende Forschungen. In einem Tiroler Bergwald beispielsweise hat man den Boden in einem Fichten-Buchen-Mischwald teilweise erwärmt und sich angeschaut, wie der Wald und insbesondere der Boden reagieren. Siehe da: In dem um vier Grad wärmeren Waldboden finden sich 20 Prozent mehr Feinwurzeln. Sie sind zudem länger und dünner, und es gibt mehr Wurzelspitzen. Auch die Mykorrhiza hat sich verändert. Es finden sich mehr Vertreter der trockenheitstoleranten Schlauchpilz-Gattung Cenoccocum. Vermutlich ist der Deal, mehr Kohlenstoff in die Wurzeln zu investieren, um damit mehr Nährstoffe aus dem Boden ziehen zu können.

Bäume können sich anpassen – ein bisschen

Die Bäume sind nicht einfach nur Opfer. Bislang herrschte die Meinung vor, Bäume, die besser an eine bestimmte Umweltbedingung angepasst sind, müssten mühsam einwandern und damit sozusagen die Lücke auffüllen, die ihre nicht so gut angepassten Vettern hinterlassen haben. Doch mittlerweile ist bekannt, dass nicht nur die Gene und ihre Mutationen über viele Generationen hinweg den Phänotyp bestimmen. Phänotyp nennen Biologinnen und Biologen die Ausprägung einer Art, den Mix aus Gestalt und Charakter. Vielmehr kann es auch die Umwelt selbst sein, die der nächsten Generation einen Schubs mitgibt. Das heißt, dass sich selbst Pflanzen in einem bestimmten Rahmen für ihre Maßstäbe sehr schnell an neue Umweltbedingungen anpassen können. So kann ein Baum seine erworbene prinzipielle Frosthärte wieder verlieren, wenn er sie nicht mehr zu brauchen scheint. In Österreich hat man dazu Samen von Fichten, Kiefern und Lärchen angepflanzt. Ein Teil der Samen stammte aus Jahren, die eher trocken-warm waren, andere aus eher kühlen Sommern. Siehe da, Samen aus trockenen Jahren kamen eher mit trockenen Bedingungen zurecht als jene aus kühleren. Hier setzen Forstleute beim Waldumbau an.

Die Haltung, dass die Natur es schon richten wird, ist jedoch mit Risiken verbunden. Ob man die eingehen will und sie sich leisten kann, ist eine schwierige Frage. Wer übernimmt die Verantwortung, wenn das Ganze schiefgeht? Wenn ein Wald aufgrund einer Dürre, eines Sturms oder eines Feuers verschwindet, dauert es Jahrzehnte, bis wieder neuer Wald nachgewachsen ist. In dieser Zeit fehlt die Schutzfunktion, das Herausfiltern des Kohlendioxids. Aber es fehlen auch der Wanderweg und der Lebensraum für bestimmte Tierarten.

Vollkommen unabhängig davon, ob man den Wald einfach sich selbst überlässt oder den Wandel begleitet: Nutzungsverzicht und Bäume zu pflanzen, ist teuer. Ganz abgesehen von weiteren Kosten: Allein von 2018 bis 2021 gab es Waldschäden in Höhe von 15 Milliarden Euro. Da ist jeder Taler, den man in den Klimaschutz und in das Fitmachen der Wälder setzt, gut angelegt. Fast 900 Millionen Euro hat der Bund gegeben. Mit dem Geld sollen die Schäden der letzten Jahre abgepuffert und der Wald für den Klimawandel vorbereitet werden. Das wird wohl nicht reichen.

Auch hier gilt es, flexibel zu bleiben. Vielleicht ist es gut, wenn man sich vor Augen führt, dass die Nutzung heimischer Wälder dazu führt, dass Wälder anderswo auf der Welt geschützt werden. Wenn Deutschland kein Holz mehr aus dem Wald entnimmt, dann kommt das Holz eben aus anderen Ländern. Dies kann niemand ernsthaft wollen. Es geht heute darum, das System Wald global zu sichern.

Epilog: Erbe unter Bäumen

Vor mehr als 30 Jahren beschlossen die auf dem Erdgipfel in Rio versammelten 172 Staaten, mehr Verantwortung für ihre biologische Vielfalt zu übernehmen. Daraus machte die Bundesrepublik ihre »Nationale Strategie zur biologischen Vielfalt«. Als Ergänzung zu den Roten Listen gibt es seitdem einen Artenkanon, der besonders geschützt werden soll. Sei es, weil diese Arten nur in unserem Land vorkommen, oder, weil sie hier ihren Verbreitungsschwerpunkt haben. Zahlreiche von ihnen leben auch in Wäldern: Schreiadler, Auerhuhn, Waldkauz, Ziegenmelker, Schwarzspecht, Mittelspecht, Bechsteinfledermaus, Gartenschläfer, Feuersalamander und etliche mehr.

Zum Artenschutz gehört auch eine besondere Verantwortung Deutschlands für den Erhalt der Buchenwälder. Man glaubt es kaum, aber alte Buchenwälder gehören zu den am stärksten gefährdeten Lebensräumen des ganzen Planeten. Deutschland liegt quasi im Zentrum der Verbreitung. Der Staat hat sich verpflichtet, sich um diese Arten und Lebensräume zu kümmern. Solche Vereinbarungen sind von Politik und Gesellschaft genauso ernst zu nehmen wie andere Abkommen. Aber man tut sich schwer, ähnlich wie beim Einhalten von Klimazielen.

Was aber wäre, wenn es keinen Wald mehr gäbe, weil wir zu wenig in seinen Schutz investiert haben? Wenn vom Schwarzwald nur der Name übrig bliebe? Wenn man nicht selbstverständlich unter Bäumen wandeln könnte? Nicht mehr das Rauschen der Blätter hören, einen kräftigen Zug Waldluft einsaugen könnte? Wenn es keine Käfer mehr gäbe, kein Reh, kein tausendfaches Grün? Klar, damit gingen tausende und abertausende Arten den Bach runter und mit ihnen die Leistungen, die sie für den Klimaschutz erbringen. Auch der wunderbare Rohstoff Holz stünde weder zum Bauen noch zum Heizen zur Verfügung.

Keine Frage, eine waldlose Welt wäre ein Verlust. Wirtschaftlich und als Ökosystem, aber auch darüber hinaus. Denn bei Wald schwingt noch etwas anderes mit: eine, wenn man so will, emotional-kulturelle Dimension. Wald rührt die Seele an. Er ist nicht von ungefähr immer schon eine Inspiration und ein Motor für Kunst und Kultur gewesen, etwa in der Musik. Vögel machen es vor; sie singen eingängige Melodien, variieren, trällern, bringen Rhythmus in die Natur. Der Mensch hat das alles wie selbstverständlich aufgenommen. »Kuckuck, Kuckuck, ruft's aus dem Wald« ist ein bekanntes Lied, das den Ruf des Waldvogels imitiert. Auch Beethoven, Mozart oder Händel verwenden gerne den Gesang der Vögel in ihren Stücken. Menschliche Musik ist eine Variation von Klängen aus der Natur.

Überhaupt: Ohne Bäume gäbe es viele Instrumente nicht. Xylophone, Flöten und natürlich die große Familie der Gitarrenverwandten. Ohne das Fichtenholz aus dem Paneveggio-Wald in den Dolomiten hätte Antonio Stradivari seine berühmten Geigen nicht bauen können. Die Bedingungen dort schufen ein besonderes Holz, bei dem die Jahrringe besonders ebenmäßig wuchsen. Auch andere Sparten der Kunst wären ohne den Wald und seine Bäume undenkbar – Schnitzwerke, Bilderrahmen, selbst filigrane Architektur. Natürlich lässt sich auch aus Lehm ein Haus stampfen oder aus Eisen eines aufstellen. Aber charmanter ist eines aus Holz.

Auch unsere Märchen brauchen den Wald. Hier können sich Helden und Heldinnen prüfen und entwickeln. Ohne den Wald und seine Geschöpfe funktionieren viele Geschichten nun mal nicht oder hätten eine andere Richtung genommen, egal ob Rotkäppchen, Hänsel und Gretel oder die Bremer Stadtmusikanten. Wald ist essenziell für das Abenteuer und das Gegenmodell zu unserer urbanisierten Welt. Selbst heute noch, da er längst gezähmt ist. Wald spielt auch in Büchern und Filmen immer seine Rolle. Die eindrucksvollsten Kapitel im »Herrn der Ringe« spielen im Wald. Den Ents um Baumbart ist etwas Vertrautes und zugleich Fremdes zu eigen. In dem Star-Wars-Film »Rückkehr der Jedi-Ritter« bieten kleine haarige Waldgeschöpfe dem technisierten Imperium auf ihrem Terrain die Stirn. »Rambo« flüchtet in den Wald, und auch »Blair Witch Project« und schließlich »Forsthaus Falkenau« leben von dieser Welt unter Bäumen. Wer Wald nicht erlebt, kann weniger an diese medialen Erlebnisse und die darüber vermittelten Bedeutungen anknüpfen. Wahrscheinlich wird er oder sie das Gefühl und die Farben auch kaum vermissen.

Wald ist ein Kulturgut. Deswegen ist es nur angemessen, ihn als kulturelles Erbe anzusehen, als etwas, für dessen Erhalt wir verantwortlich sind. Wir haben kein Recht, das alles der Nachwelt vorzuenthalten, weil wir Wald vernachlässigen und uns Arten- und Klimaschutz eher lästig sind. Es käme ja auch niemandem in den Sinn, einen Kölner Dom abzureißen, weil man seine Steine gut verwenden könnte.

Und so sollte Wald auch ein Stück weit aus dem zivilisatorischen Sog herausgehalten werden. Es sollte möglich sein, sich in seiner Atmosphäre zu verlieren. Dazu gehört auch, sehr umsichtig zu sein, wenn es um Planungen im Wald geht. Windräder, Straßen, Leitungen – all das mag für unsere Infrastruktur wichtig sein. Aber all diese Bauwerke und Eingriffe nehmen dem Wald den Rest von seinem Zauber. Wenn Wald nur mehr eine Erinnerung wäre, eine Fantasiewelt wie in Sciencefiction, wäre unsere Welt ärmer. Schneewittchen braucht den Wald. Und wir auch.

Glossar

Allensche Regel: Sie besagt, dass Körperteile von Tieren einer Art oder einer nah verwandten Art in Richtung kühlerer Klimate kleiner werden; niedrigere Temperaturen – kleinere Ohren.
Amphibien: Wirbeltiere, die sich nur im Wasser fortpflanzen können. Eier und Larven brauchen das Wasser. Frösche, Kröten und Molche zählen dazu.
Arboform: Werkstoff, der auf Lignin basiert, aber auch Cellulose enthält. Man nennt ihn auch flüssiges Holz.
Archaeen: Einzeller, die wie Bakterien keinen Zellkern haben. Häufig besiedeln sie extreme Lebensräume wie Wüsten oder Kuhmägen.
Azorenhoch: Hochdruckgebiet, das seinen Ursprung im Atlantik bei den Azoren hat. Es ist gemeinsam mit dem Islandtief entscheidend für das Wetter in Europa.

Baumschicht: Sie ist manchmal zusammen mit einer Kronenschicht das oberste Stockwerk im Wald.
Bedecktsamer: Die meisten Pflanzen zählen zu ihnen. Im Unterschied zu den Nacktsamern bedeckt ein Fruchtblatt oder Fruchtknoten schützend die Samenanlage ihrer Blüten. Wir schätzen diesen Schutz, denn aus ihm entwickeln sich Früchte, etwa Äpfel.
Bergmannsche Regel: Ihr zufolge sind Organismen einer Art oder einer nahe verwandten Art in kühleren Klimaten größer als in wärmeren.
Bestandesschluss: Wenn sich in einem jungen Wald Bäume mit ihren Ästen berühren und überlappen. Ab einer Höhe von gut zwei Metern sollte es so weit sein.
Biodiversität: biologische Vielfalt. Sie umfasst nicht nur die Artenvielfalt, sondern auch die genetische Vielfalt innerhalb einer Art sowie die Vielfalt an Lebensräumen.
Bioindikator: Art, Pflanze, Tier oder Pilz, die auf eine Veränderung der Umwelt reagiert. Sie zeigt andere, neue Bedingungen an und erlaubt dadurch Rückschlüsse.
Biomasse: alle organische Substanz, die durch Pflanzen und Tiere zusammenkommt. Ihre Menge dient der Vergleichbarkeit von Lebensräumen. Biomasse kann feiner unterteilt werden, etwa in lebendige organische Substanz oder tote.
Biostimulanzien: Gruppe von Präparaten, die das Wachstum von Pflanzen beeinflussen, ohne dass sie selbst einen wesentlichen Nährstoffgehalt haben. Das können Enzyme, Spurenelemente, Huminsäuren sein, die aus Algen, Bakterien oder Fermenten stammen.

Biotopverbund: Dabei werden einzelne Lebensräume miteinander vernetzt. Ziel ist es, die Ausbreitung der Arten und den Austausch zwischen Populationen zu erleichtern.
Blattflächenindex: Maß zur ökologischen Bewertung. Er beschreibt das Verhältnis von Blättern oder Nadeln zur Bodenoberfläche. Das lässt Rückschlüsse auf den Wasserabfluss oder die Photosynthese zu.
Bundeswaldinventur: quasi die Bestandsaufnahme der Forstwirtschaft. Gemäß Bundeswaldgesetz muss sie Deutschlands Wald in seiner Gänze erfassen. Diese Daten dienen als Grundlage zur Bewirtschaftung. Die Ergebnisse der 4. Bundeswaldinventur kommen 2024.

Cellulose und Hemicellulose: Cellulosen sind im Wesentlichen verkettete Zuckermoleküle. Sie dienen den Pflanzen als Baustoff für ihre Zellwände. Dabei beträgt ihr Anteil gut 50 Prozent.
Cladoxylopsiden: Diese Pflanzengruppe ist ebenso urtümlich wie ausgestorben. Sie kam im Devon auf und bildete Wälder.
Cyanobakterien: Diese Mikroorganismen sind in der Lage, Photosynthese zu betreiben. Ihre Urahnen hatten entscheidenden Einfluss bei der Anreicherung von Sauerstoff in der Atmosphäre.

Dendrochronologie: Methode zur Datierung von Hölzern. Grundlage ist das Muster der Jahrringbreiten der Bäume. Aufgrund des Vergleichs mit sicher datierten Hölzern lassen sich die Jahrringe einer bestimmten Folge von Wettern und damit einer bestimmten Zeit zuordnen.

Eiszeit: In der Erdgeschichte gibt es immer wieder Phasen der Abkühlung. Damit einher geht ein Wachstum der Polkappen und der Gletscher in Gebirgen.
Eoarchaikum: Erdzeitalter, das vor vier Milliarden Jahren begann und vor 3,6 Milliarden Jahren endete. In dieser Zeit bildeten sich die Ozeane und die ersten Lebensformen.
Exoskelett: Außenskelett, das einem Organismus eine stützende Struktur gibt. Insekten, Spinnen oder auch Krebse tragen eine solche gegliederte Hülle.

Fauna: Tierwelt. Sie lässt sich nach der Größe der Organismen in Mikro- (Organismen, die kleiner als 0,2 Millimeter sind, etwa Wimperntierchen), Meso- (bis 2 Millimeter, wie Milben), Makro- (bis 20 Millimeter, Insekten, Spinnen) und Megafauna (größere Tiere) unterteilen.
Flora: Pflanzenwelt.
Forstregal: Herrschaft über den Wald. Im Mittelalter vereinnahmten Adelige damit Rechte an der Nutzung, etwa Jagd oder Holzeinschlag.
Forstwirtschaft, integrative; auch: integrative Waldbewirtschaftung, bei der es nicht nur auf die Holzerzeugung, sondern auch auf andere Funktionen wie den Klima- oder Artenschutz ankommt.
Frühjahrsgeophyten, Frühblüher: Gruppe von Pflanzen, die im zeitigen Frühjahr gedeihen, bevor das neue Laub der Bäume den Boden zu sehr beschattet. Buschwindröschen, Schneeglöckchen oder Leberblümchen zählen dazu.

Geosmin: Ein natürlicher Alkohol, der für einen typisch erdigen Geruch verantwortlich ist. Verschiedene Mikroorganismen produzieren ihn.
Gliedertiere: alle Tiere, deren Körper in deutliche Abschnitte unterteilt sind. Zum Beispiel Ringelwürmer, aber auch Insekten oder Spinnen.

Humus: zersetzte organische Substanz in einem Boden. Der Humusgehalt ist wichtig für die Fruchtbarkeit eines Bodens, seine Fähigkeit, Wasser zu halten, aber auch als Merkmal der Bindung von Kohlendioxid.
Hutewald: Form der Bewirtschaftung, bei der Vieh, etwa Schweine oder Rinder, ihr Futter in einem Wald finden. Beliebt sind insbesondere Buchen (wegen der Bucheckern) und Eichen (Eicheln). Hutewälder sind häufig sehr licht.
Hymenopteren: eine Ordnung der Insekten. Diese Hautflügler haben zwei Flügelpaare, wie zum Beispiel Bienen, Wespen und Ameisen.
Hyphen: dünne Organe von Pilzen und bestimmten Bakterien, die bis zu 0,1 Millimeter dick sind. Sie ziehen sich wie Fädchen beispielsweise durchs Erdreich.

Interzeption: Regen, Schnee oder Tau, der an der Pflanze hängenbleibt und wieder verdunstet.
Islandtief: Tiefdruckgebiet über Island, das gemeinsam mit dem Azorenhoch unser Wetter in Europa bestimmt.
Isotope: Spielarten von Atomen eines Elements. Sie unterscheiden sich nicht in der Zahl der Elektronen und Protonen, sondern nur in der Zahl ihrer Neutronen.

Kalkstein: Er besteht aus Sedimenten, überwiegend aus Kalziumkarbonat.
Kambium: dünne Gewebeschicht bei Bäumen zwischen Rinde und Splintholz.
Kleine Eiszeit: Ein Zeitabschnitt deutlicher globaler Abkühlung, der von der Frühen Neuzeit (15. Jahrhundert) bis ins 19. Jahrhundert reichte. In Europa ging er mit sehr langen Wintern und feucht-kalten Sommern einher. In den Bergen breiteten sich Gletscher aus.
Karbon: Diese Periode der Erdgeschichte begann vor 359 Millionen Jahren und endete vor rund 300 Millionen Jahren. Geprägt ist sie durch riesige Wälder. Ihre Reste bilden die Kohlevorkommen. Daher nennt man das Karbon auch Steinkohlezeitalter.
Keeling-Kurve: Sie zeigt den Verlauf des CO_2-Gehalts in der Atmosphäre. Seit 1958 wird der CO_2-Gehalt vom Observatorium auf dem Mauna Loa auf Hawaii aufgezeichnet.
Klimaresilienz: Anpassungsfähigkeit von Gesellschaften und Lebensräumen an den Klimawandel.
Koniferen: Synonym für Nadelbäume, eine Ordnung nacktsamiger Pflanzen.
Krautschicht: Stockwerk im Wald bis rund 1,5 Meter. Hier wachsen viele Pflanzen, die nicht verholzen, wie Kräuter, Gräser, aber auch der Nachwuchs der Bäume.
Kulturlandschaft: Hier ist der Mensch das prägende Element. Sein Tun hat der Naturlandschaft oft über Jahrhunderte eine andere Anmutung gegeben. Deutschland ist nahezu in Gänze von Kulturlandschaften bedeckt. Das gilt auch für Wälder.

Lignin: Gruppe von Biopolymeren, die sich durch sehr große Moleküle auszeichnen. Lignine dienen in der Pflanzenzelle als Kitt; sie geben ihr die Stabilität.

Mischwald: Wald, in dem die Bäume wenigstens aus zwei botanischen Gattungen stammen, wobei eine mindestens 10 Prozent ausmacht. Ein Buchenwald mit 10 Prozent Eiche ist ein Mischwald.
Moosschicht: unterste Handbreite im Aufbau eines Waldes. Sie schließt sich an den Boden an.
Mulm: lockerer Mix verschiedener organischer Reste; darunter Pflanzen- und Tierteile, Kot. Mulmhöhlen in alten Bäumen sind ein Lebensraum für zahlreiche Spezialisten und seltene Käfer wie den Eremiten.
Mykoholz: Holzwerkstoff, bei dem die Holzstruktur von Pilzen aufgelöst und dann mit Kunstharz fixiert wird.
Mykorrhiza: Davon spricht man, wenn sich Pilzgeflecht im Boden mit den Wurzeln einer Pflanze verbindet. Es entsteht eine Symbiose.
Myxomyceten: Diese Schleimpilze sind einzellige Lebewesen, die weder zu den Tieren noch den Pilzen gerechnet werden. 373 Arten gibt es in Deutschland.

Nacktsamer: Bei diesen Pflanzen ist der Samen nicht von einem Fruchtblatt oder Fruchtknoten bedeckt, sondern liegt frei. Nadelbäume zählen dazu.
Niederwald: Bewirtschaftungsform, bei der Bäume regelmäßig auf den Stock gesetzt werden. Das heißt, es bleibt ein Baumstumpf, aus dem der Baum neu ausschlägt. Dieser Stockausschlag kann nach 10 bis 15 Jahren wieder geerntet werden. Linden oder Hainbuchen sind dafür gut geeignet.

parts per million (ppm): Maß für ein Millionstel. Häufig im Zusammenhang mit dem CO_2-Anteil in der Atmosphäre verwendet. 420 ppm bedeuten damit 420 CO_2-Teilchen pro eine Million Luftteilchen.
Petrichor: Geruch, der entsteht, wenn der erste Regen auf einen trockenen Boden trifft.
Photosynthese: Vorgang, der das Sonnenlicht in chemische Energie übersetzt. Dabei verbraucht die Pflanze Kohlendioxid und Wasser und produziert Kohlenhydrate und Sauerstoff.
Phänologische Uhr: Sie teilt das Jahr nach dem wiederkehrenden Wachstums- und Entwicklungserscheinungen ein, zum Beispiel nach der Blüte der Haselnuss oder den Früchten des Holunders. Sie ist nicht statisch, zeigt aber Trends, wie früheres Austreiben. Damit lässt sie Rückschlüsse auf eine Veränderung des Klimas einer Region zu.
Phänotyp: sichtbare Ausprägung genetischer Merkmale.
Population: Gruppe von Individuen einer Art in einem bestimmten Gebiet.
Protoorganismen/Protozoen: einzellige Lebewesen, die vielgestaltig und weit verbreitet sind.

Rhizoide: Strukturen bei Moosen, Algen oder Pilzen, die eine echte Wurzel ersetzen. Sie enthalten kein Gewebe für den Transport, sondern verankern den Organismus am Untergrund.
Rückzüchtung: Versuch, das Aussehen einer ausgestorbenen Tierart zu imitieren. Dazu züchtet man aus domesti-

zierten Exemplaren (Pferden, Rindern) das ursprüngliche Aussehen Stück für Stück wieder heraus. Bekanntestes Beispiel ist das Heckrind, das einem Auerochsen ähnlich sieht.

Solling-Projekt: untersucht den Einfluss des Menschen auf das Ökosystem Wald. Standort ist der Solling, ein Mittelgebirge in Niedersachsen.
Standortdrift: Davon spricht man, wenn Eigenschaften eines Standortes (Temperatur, Wasserversorgung) sich durch den Klimawandel verschieben und damit an Pflanzen mitunter neue Bedingungen stellen.
Strauchschicht: Stockwerk des Waldes, das bis etwa fünf Meter in der Höhe reicht.
Symbiose: Davon spricht man, wenn verschiedene Arten zusammenleben und dabei Vorteile haben. Die Mykorrhiza zwischen Pilzen und Bäumen ist ein Beispiel.

Thaumetopoein: Nesselgift des Eichenprozessionsspinners. Dieses Eiweiß sitzt in den Haaren der Raupe. Es reizt die Haut und löst in schweren Fällen etwa Asthma aus.
Trophische Kaskade: Modell in der Ökologie, das betrachtet, wie sich die Bedingungen ändern, wenn ein Beutegreifer hinzukommt oder verschwindet. Die Effekte müssen nicht immer direkt erkennbar sein, sondern können sich wie in einer Kaskade erst später auswirken.
Treibhauseffekt: Wie in einem Treibhaus gelangt kurzwellige Sonnenstrahlung auf die Erde, langwellige Wärmestrahlung wird aber zurückgehalten. Im Falle der Erde besteht der Schutzschirm nicht aus Glas, sondern verschiedenen Faktoren wie den Treibhausgasen, aber auch Wolkenbildung.

UV-Strahlung: eine Art elektromagnetischer Strahlung im Wellenlängenbereich von 100 bis 400 Nanometer; sie ist energiereich.

Waldbau: Kunst, einen Wald zu bewirtschaften, zu verjüngen und vor allem zu erhalten.
Waldgesellschaft: Beschreibung einer Pflanzengesellschaft in einem Wald. Idealisiert und damit vergleichbar in ihrer Artenzusammensetzung und ihren Standortbedingungen.
Waldweide: Dabei führte man Rinder oder Schweine in einen Wald, damit sie dort Gras, Pilze oder auch Eicheln und Bucheckern fressen konnten.

Register

I

J

K

T

U

V

W

Y

Z

Über Wald und Holz NRW

Vor mehr als 300 Jahren wurde in der deutschen Forstwirtschaft der Begriff der Nachhaltigkeit geprägt. Angesichts ruinierter Waldflächen wurde festgelegt, dass nicht mehr Holz genutzt werden soll als auch nachwächst. Der Begriff hat längst Karriere gemacht und sich zur politischen Leitidee weiterentwickelt. Nachhaltigkeit bedeutet verantwortungsbewusstes gesellschaftliches Handeln weit über forstwirtschaftliche Zusammenhänge hinaus und selbstverständlich auch mit Blick auf den Klimawandel. Nachhaltigkeit steht heute für umfassende Generationengerechtigkeit: sozial, ökologisch und ökonomisch.

In diesem Sinne handeln auch die rund 1350 Mitarbeiterinnen und Mitarbeiter des Landesbetriebs Wald und Holz Nordrhein-Westfalen, einem Teil der Landesforstverwaltung. Ihr wesentliches Ziel ist der Aufbau klimastabiler, artenreicher und gesunder Wälder, die die vielfältigen Ansprüche von Mensch und Natur miteinander vereinen. Dazu engagiert sich Wald und Holz NRW auch in Forschung, Umweltbildung und Öffentlichkeitsarbeit. Die Försterinnen und Förster entwickeln den Landeswald und beraten im Privat- und Kommunalwald. Sie sorgen dafür, dass unser Wald den unterschiedlichen gesellschaftlichen Anforderungen wie Holznutzung, Umwelt-, Natur- und Artenschutz sowie Erholung auch in Zukunft bestmöglich gerecht werden kann.

Bildnachweise

Alamy Stock Foto: S. 88 (Pictorial Press Ltd.)

Herbert Grabe/www.herbertgrabe.de: S. 76 iStock.com: S. 9 (studioworxx). S. 10 (jack-sooksan), S. 12/13 (xingmin07), S. 28 (Viesinsh), S. 31 (c-foto), S. 49 (conystan), S. 61 (milehightraveler), S. 63 (Roger Thornby), S. 66 (Caiquame), S. 87 (Zbynek Pospisil), S. 92/93 (Hiob), S. 102 (ttsz), S. 107 (damircudic), S. 131 (bierwirm), S. 136 (JMrocek), S. 140 (Alex)

Landesbetrieb Wald und Holz Nordrhein-Westfalen: S. 24 (Bureau Bordeaux), S. 39 (Moritz Münch), S. 55 (Marcus Wildelau), S. 69 (Klaus Striepen), S. 159 (Moritz Münch)

Joseph Mulder, Ostindisches Lagerhaus und Werft in Amsterdam, 1726, nachkolorierter Kupferstich: S. 118

Oliver Schmitt: Umschlag, S. 21, S. 47, S. 96, S. 101, S. 111, S. 115, S. 121

Karte »Die Rückkehr des Waldes« erstellt von Oliver Schmitt auf Basis der Abb. 1 aus Tzedakis, P.C.; Emerson, B.C.; Hewitt, G.M.: Cryptic or mystic? Glacial tree refugia in northern Europe. Trends in Ecology & Evolution, Dez. 2013, Vol. 28, Issue 12, S. 696–704. https://doi.org/10.1016/j.tree.2013.09.001: S. 83

Grafik »Eine Kurve des Versagens« erstellt auf Basis der Datenangaben von Rubino, Mauro; Etheridge, David; Thornton, David; Allison, Colin; Francey, Roger; Langenfelds, Ray; Steele, Paul; Trudinger, Cathy; Spencer, Darren; Curran, Mark; Van Ommen, Tas; Smith, Andrew (2019): Law Dome Ice Core 2000-Year CO2, CH4, N2O and d13C-CO2. v1. CSIRO. Data Collection. https://doi.org/10.25919/5bfe29ff807fb: S. 99

stock.adobe.com: S.43 (aBSicht), S. 53 (bennytrapp), S. 72 (Barbora Batokova)

Shutterstock.com: S. 16–17 (Christopher Slesarchik), S. 56 (Svitlyk)

Zeichnung Erhard Poßin, aus: Eckhard Jedicke: Boden – Entstehung, Ökologie, Schutz. Ravensburg: 1989, S. 68: S. 33